全国高等学校建筑学学科专业指导委员会
推荐教学参考书

建筑绘图

[第六版]

Architectural Graphics

[Sixth Edition]

程大锦 | Francis Dai-Kam Ching　　著

张楠　张威　译

韩学义　审校

U0259449

WILEY  天津大学出版社
TIANJIN UNIVERSITY PRESS

天津市版权局著作权合同登记图字02-2010-5号
本书中文简体字版由约翰·威利父子公司授权天津大学出版社独家出版。

建筑绘图 | JIANZHU HUITU

图书在版编目（CIP）数据

建筑绘图 /（美）程大锦著 ；张楠，张威译. -- 6
版. -- 天津 ：天津大学出版社，2019.1（2022.8重印）
ISBN 978-7-5618-6259-9

Ⅰ．①建… Ⅱ．①程… ②张… ③张… Ⅲ．①建筑制
图 Ⅳ．①TU204
中国版本图书馆CIP数据核字（2018）第287232号

出版发行 天津大学出版社
地　　址 天津市卫津路92号天津大学内（邮编：300072）
电　　话 发行部：022-27403647
网　　址 www.tjupress.com.cn
印　　刷 廊坊市瑞德印刷有限公司
经　　销 全国各地新华书店
开　　本 210mm x285mm
印　　张 16.5
字　　数 350千
版　　次 2019年1月第1版
印　　次 2022年8月第2次
定　　价 95.00元

目 录

ARCHITECTURAL GRAPHICS

Preface to Chinese Edition

《建筑绘图》

中文版前言

As always, I am extremely grateful to Liu Daxin of the Tianjin University Press for again offering me the opportunity to address architecture and design students and faculty in the People's Republic of China through his publication of my works. Special thanks go to Mr. Zhang Nan and Ms. Zhang Wei, teachers at Tianjin Chengjian University, for their expert and sympathetic translation of my text.

Following on *Architecture: Form, Space and Order*, *Interior Design Illustrated* and *Drawing: A Creative Process*, this Chinese edition of *Architectural Graphics* embodies the same approach that I have taken in all of my works—outlining the fundamental elements of an essential subject in architectural education and illustrating the principles and concepts that govern their use in practice. In this particular case, we are concerned with how we can communicate the three-dimensional reality of architectural constructions on a two-dimensional surface through representational means, whether these drawings are done by hand or executed on a computer.

I am privileged and honored to be able to offer this text and I hope it not only teaches but also inspires the readers to achieve the highest success in their future endeavors.

Francis Dai-Kam Ching
Professor Emeritus
University of Washington
Seattle, Washington
USA

我一如既往地非常感谢天津大学出版社刘大馨编辑提供自己这样的机会，得以再次向中国建筑和设计专业的师生们出版我的作品。特别感谢天津城建大学的教师张楠先生与张威女士对于书稿文字专业、精准的翻译。

继《建筑：形式、空间和秩序》《图解室内设计》和《创意建筑绘画》之后，这本中文版的《建筑绘图》继续遵循了以往我所有著述中业已采用的相同方法，在建筑教育中揭示本质性主题的基础要素，以图解形式阐释统御实践用途的原则与概念。在此种情况下，我们关心的是：如何能够在一个二维的表面上，通过徒手画出或是计算机绘制等表现手段表达建筑构筑物的三维实体——无论这些图纸是徒手画出，还是计算机绘制的。

我为能奉献此书深感荣幸，并且希望它不仅是传授知识，也可以激发读者通过自己未来的努力，实现最大的成就。

程大锦
华盛顿大学荣誉教授
华盛顿州，西雅图
美国

前言

四十年前，本书第一版介绍了适于学生使用的绘图工具、绘图技法以及设计师传达建筑设计理念的常用方法。编写初衷及后续修订的主要目的是提供一个清楚简洁的图解指南来指导建筑图样的绘制与使用。在保持早先版本明晰与直观特点的同时，《建筑绘图》第六版独特之处在于使用数字媒介传递并且澄清了图形表达的基本原则。

计算机技术的进步显著地改变了建筑设计与绘图的过程。现在的制图软件从二维绘图进步到三维绘图，开始将实体建模作为从小住宅到复杂的大规模建筑群设计与表现的辅助手段。因此，认可数字绘图工具为建筑制图提供了独特的机遇和挑战是很重要的。然而，无论是手绘，还是借助于计算机辅助制图软件，决定有效沟通建筑设计思想的规范与标准仍然保持不变。

本书整体章节编排与第五版完全相同。第1章和第2章介绍了制图与起稿的必要工具与技法。虽然数字工具可以加强传统技法，但握执铅笔或钢笔动手在纸上绘制线条的过程仍不失为学习制图图像化语言最合理的方法。

第3章介绍了三个主要的表现图体系：多视点视图、轴测视图与透视图，并对比分析了每种体系的视角特点。第4章至第6章则关注操控这些方法的原则和标准以及每种绘图体系的用途——不论建筑图是手绘，还是数字化绘制的。

无论在纸张上，还是计算机显示器上，建筑图形的语言都依赖于线条的构成——在二维表面上表达一个三维的建筑或空间环境的形象。当数字技术改变了我们输入信息，创建透视图、轴测图和正投影图方式的时候，便要求设计者对这三套绘图体系所传递的内容具备基础的理解。每一套绘图体系提供了我们设计与表现的视角，对这些视角的评估揭示或者隐藏了设计过程中不可或缺的内容。

线条是整个图面中的核心要素，第7章展示了绘制色调的手法并提出了加强建筑绘图图面景深、表达空间环境照明状况的方法。我要特别感谢戴南清（Nan-Ching Tai），他提供了宝贵的经验，并协助编制了数字照明的例子。

由于我们设计与评价建筑都会与其所在环境相关联，因此在第8章展开论述了渲染技法在构建设计图面背景过程中的重要作用，指出了空间的尺度与设计用途。

第9章探讨了图形表达的基本原则，并阐明了在规划过程与建筑表现的版式安排上的策略性选择。原有章节包含对字体和图形符号的讨论——它们被认为是在准备表现图过程中内涵丰富的基本要素。

徒手执铅笔或钢笔绘图仍然是记录我们观察与体验的最直接、直观的方法，它针对构思加以思考，并以图形方式将设计概念表现出来。所以在第10章，增补了讲授徒手绘草图与简图的内容。将其放在书的结尾部分体现了徒手绘图作为一项绘图技能以及设计思考的关键工具非常重要。

除了设计过程的早期阶段，在我们启动构思时，对于直接观察的部位最适于采用徒手绘图。出于这个原因，这部分有关通过观察进行绘图的内容拓展到了如何展现观察的行为、如何应对、怎样描画能够激发观察、有助于理解并催生记忆的空间环境。

尽管增添了这些技术上的改进，但本书仍然秉持绘图的特色，根本原因在于它具备一种以清晰易读并且有说服力的方式表现三维构思的能力，克服了二维平面的不足。要具备这一能力不仅需要实践操作，而且还要理解绘图的图像化语言。绘图不单纯属于一个技法范畴，更是一种包括视觉感知、判断与推理空间尺寸和空间关系的认知行为。

1 绘图工具与材料

Drawing Tools and Materials

本章介绍绘制线条的必备工具——铅笔与钢笔。它们在绘图过程中引导眼和手，并且与绘制线条的表面相契合。使用铅笔或钢笔的绘图活动保留了学习建筑制图语言最直接与多功能的手段；与此同时，数字技术的持续进步丰富了传统绘图工具。

铅笔价格相对低廉，用途广泛，并且在绘图时能反映出力度的大小。

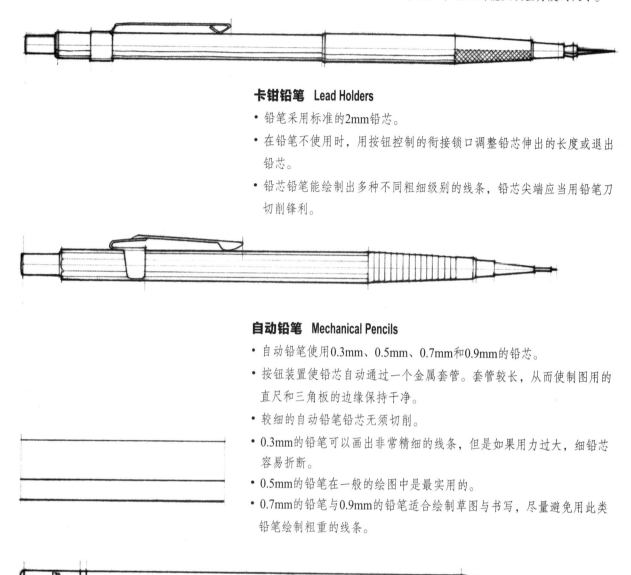

卡钳铅笔　Lead Holders

- 铅笔采用标准的2mm铅芯。
- 在铅笔不使用时，用按钮控制的衔接锁口调整铅芯伸出的长度或退出铅芯。
- 铅芯铅笔能绘制出多种不同粗细级别的线条，铅芯尖端应当用铅笔刀切削锋利。

自动铅笔　Mechanical Pencils

- 自动铅笔使用0.3mm、0.5mm、0.7mm和0.9mm的铅芯。
- 按钮装置使铅芯自动通过一个金属套管。套管较长，从而使制图用的直尺和三角板的边缘保持干净。
- 较细的自动铅笔铅芯无须切削。
- 0.3mm的铅笔可以画出非常精细的线条，但是如果用力过大，细铅芯容易折断。
- 0.5mm的铅笔在一般的绘图中是最实用的。
- 0.7mm的铅笔与0.9mm的铅笔适合绘制草图与书写，尽量避免用此类铅笔绘制粗重的线条。

木制铅笔　Wood-Encased Pencils

- 木制铅笔通常用于徒手绘图与素描。如果用于起草，应削尖头部以暴露出$3/4$英寸的铅芯轴，以便用砂纸或铅笔刀削尖。

以上三种类型的铅笔都能绘出高品质的线条，当尽力尝试每种铅笔时，你将对绘图工具的手感、轻重与平衡逐渐形成特定的偏好。

关于石墨铅芯等级的建议
Recommendations for Grades of Graphite Lead

4H

- 此深度级别的铅芯最适合准确标记和绘制轻巧的构造线条。

- 在绘制完成定稿时，不应使用难以辨识与复制的轻细线条。

- 当用力过大时，较硬的铅芯会在纸面或桌面上留下印痕而且难以去除。

2H

- 这种中等硬度的铅芯也用于绘图，2H是适于完成定稿的最深铅芯等级。

- 如果落笔较重的话，2H铅芯绘出的线条将难以擦除。

F 与 H

- 这几个等级的铅芯适用于布置版面、绘制成图与徒手书写等。

HB

- HB是相对较软的铅芯，可以绘制深色的线条及手写字体。

- HB线条便于涂擦与印刷，但容易污损。

- 需要有绘图经验与熟练的操作技巧才能控制HB线条的品质。

B

- B级铅芯软，适于绘制非常浓重的线条与手写字体。

炭条（石墨条）
Graphite Leads

用于在纸面绘画的炭条等级从9H（非常硬）至6B（非常软）。在相同压力条件下，较硬的炭条绘出较轻、较细的线条，而较软的炭条则绘出颜色较深、较宽的线条。

无影蓝铅 Nonphoto Blue Leads

由于无影蓝铅的蓝色印迹在复印时通常不会被印出，因此它用于绘制构造线条。但数字扫描仪可以检测出淡蓝色线，这些线可使用图像编辑软件加以清除。

塑性铅 Plastic Leads

特别制作的塑性聚合物铅芯适于在硫酸纸上绘制，塑性铅芯的等级从E0、N0或P0（较软）到E5、N5或P5（较硬）。字母"E""N"和"P"是生产厂家命名的；数字0~5表示硬度等级。

图面的质地与密度影响着铅笔笔触的软硬。表面越是粗糙，越应该使用硬度高的铅芯；表面的密度越高，越会感觉铅芯柔软。

针管笔 Technical Pens

针管笔在不受压的情况下就能绘制出精确连贯的墨水线条。不同厂家制造的卡钳铅笔、自动铅笔和针管笔从外形到操作方法都有区别，传统的针管笔利用在一个管状笔头内的调节丝控制油墨的流量，调节丝尺寸决定了墨线的宽度。

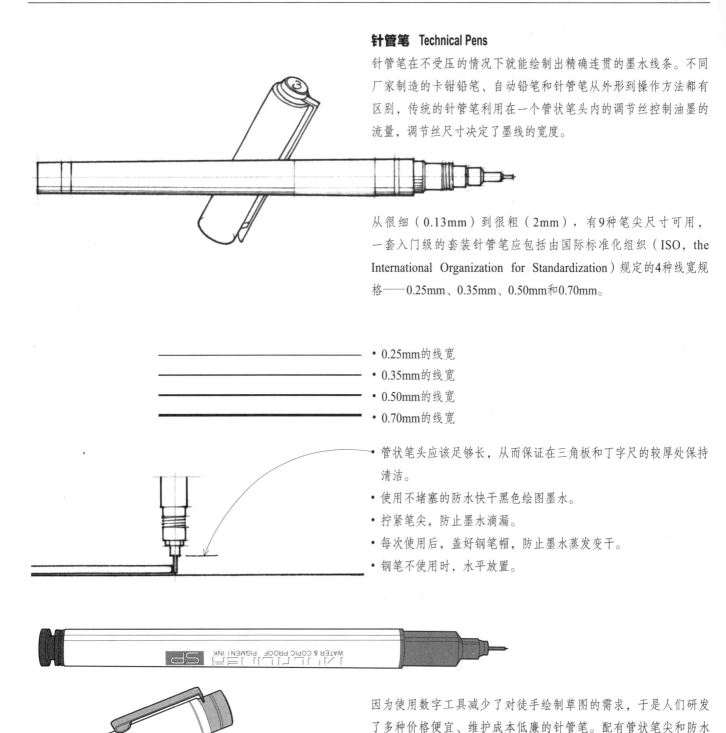

从很细（0.13mm）到很粗（2mm），有9种笔尖尺寸可用，一套入门级的套装针管笔应包括由国际标准化组织（ISO, the International Organization for Standardization）规定的4种线宽规格——0.25mm、0.35mm、0.50mm和0.70mm。

- 0.25mm的线宽
- 0.35mm的线宽
- 0.50mm的线宽
- 0.70mm的线宽

- 管状笔头应该足够长，从而保证在三角板和丁字尺的较厚处保持清洁。
- 使用不堵塞的防水快干黑色绘图墨水。
- 拧紧笔尖，防止墨水滴漏。
- 每次使用后，盖好钢笔帽，防止墨水蒸发变干。
- 钢笔不使用时，水平放置。

因为使用数字工具减少了对徒手绘制草图的需求，于是人们研发了多种价格便宜、维护成本低廉的针管笔。配有管状笔尖和防水颜料基油墨的绘图针管笔适合书写、徒手绘草图以及用直尺起草稿。笔尖规格从0.03mm到1.0mm不等，部分针管笔可给笔芯添加墨水，并有可替换的笔尖。

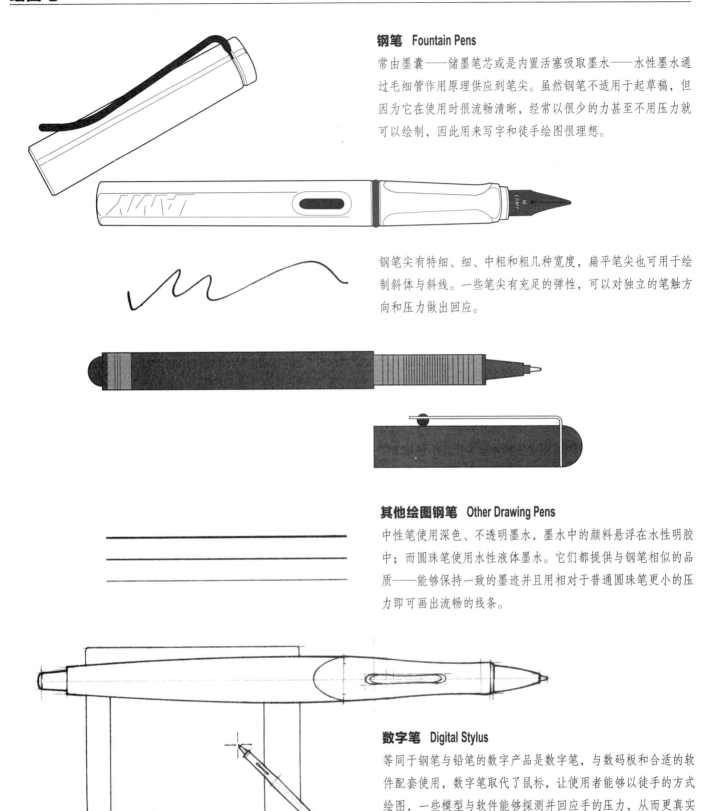

钢笔 Fountain Pens

常由墨囊——储墨笔芯或是内置活塞吸取墨水——水性墨水通过毛细管作用原理供应到笔尖。虽然钢笔不适用于起草稿，但因为它在使用时很流畅清晰，经常以很少的力甚至不用压力就可以绘制，因此用来写字和徒手绘图很理想。

钢笔尖有特细、细、中粗和粗几种宽度，扁平笔尖也可用于绘制斜体与斜线。一些笔尖有充足的弹性，可以对独立的笔触方向和压力做出回应。

其他绘图钢笔 Other Drawing Pens

中性笔使用深色、不透明墨水，墨水中的颜料悬浮在水性明胶中；而圆珠笔使用水性液体墨水。它们都提供与钢笔相似的品质——能够保持一致的墨迹并且用相对于普通圆珠笔更小的压力即可画出流畅的线条。

数字笔 Digital Stylus

等同于钢笔与铅笔的数字产品是数字笔，与数码板和合适的软件配套使用，数字笔取代了鼠标，让使用者能够以徒手的方式绘图，一些模型与软件能够探测并回应手的压力，从而更真实地模拟传统媒介的效果。

丁字尺　T-Squares

丁字尺是在顶端有一条垂直短边的直尺，顶端沿着绘图板的边缘滑动引导绘制笔直的平行线。丁字尺价格低廉、携带方便，但需要一条丁字尺的顶端可在其上滑动的平直侧边。

• 丁字尺的末端容易摇晃。

• 丁字尺的规格有18英寸、24英寸、30英寸、36英寸、42英寸以及48英寸几种长度。建议使用长度为42或48英寸的丁字尺。

• 图板的金属边能够提供平直的边缘。

• 使用丁字尺的这条长边。

• 切记不能使用丙烯材料丁字尺的长边用来裁切。金属材料的丁字尺则可用于此目的。

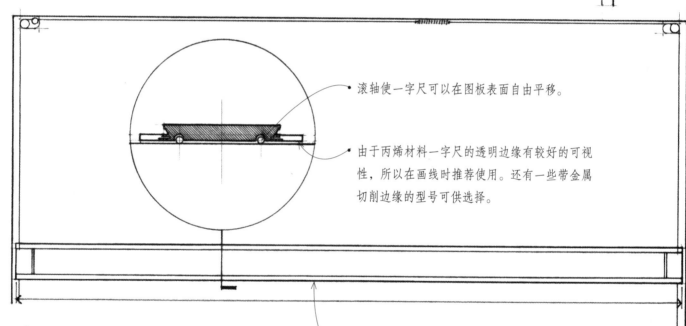

• 滚轴使一字尺可以在图板表面自由平移。

• 由于丙烯材料一字尺的透明边缘有较好的可视性，所以在画线时推荐使用。还有一些带金属切削边缘的型号可供选择。

一字尺　Parallel Rules

一字尺配备有便于在图板上平移的索轮系统。与丁字尺相比，一字尺要贵一些，便携性稍差，但它能够使绘图者快速准确地绘制方案图。

• 一字尺有30英寸、36英寸、42英寸、48英寸、54英寸与60英寸几种长度，推荐使用42与48英寸长度的一字尺。

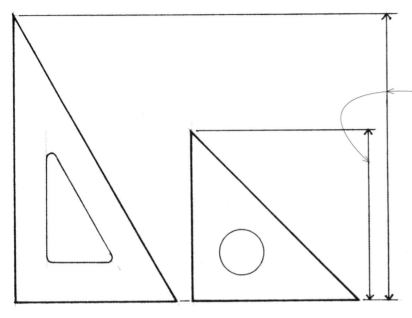

三角板　Triangles

三角板是用于引导图中的垂直线与特定角度线条的辅助绘图工具。三角板包含一个直角、两个45°角或者一个直角、一个30°角和一个60°角。

- 长度从4英寸到24英寸的都有。
- 建议选用8英寸到10英寸的长度。

- 小三角板是绘制小面积交叉阴影线以及辅助绘制手写字体的有用工具（参见第210页）。
- 大三角板是绘制透视图很有用的工具。

- 45°-45°与30°-60°三角板配合使用可以绘制15°的扩展角度。参见第26页。

- 三角板用非黄色的光洁防刮丙烯塑料制成，可以一目了然且毫不失真地查看下面的工作对象。泛荧光的橙色丙烯三角板在草图表面也可获得较好的视觉效果。
- 为了图纸更为精准而且便于绘制，边缘应进行抛光。为了避免被墨线笔的墨水玷污，部分三角板加厚了边缘。
- 为了便于手指抓取，内边缘应有一定的斜度。

- 可用淡肥皂水清洗，使三角板保持清洁。
- 三角板不应在裁切材料时作为直尺使用。

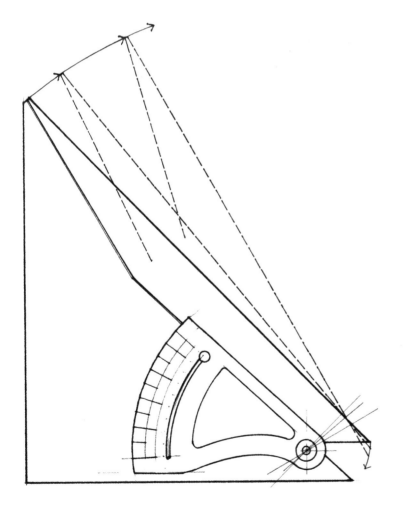

活动三角尺　Adjustable Triangles

活动三角尺有一条可活动的腿，通过翼形螺钉与量角器加以固定，这些仪器在绘制诸如楼梯段的斜线或屋顶斜度时很有用。

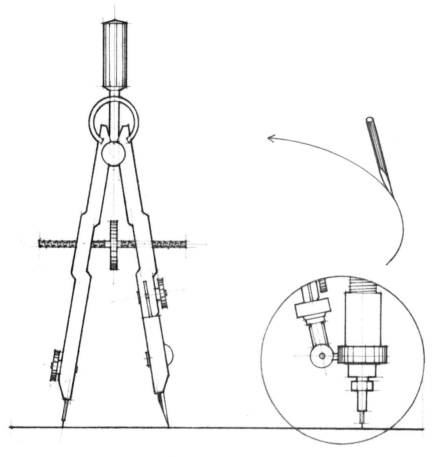

圆规 Compasses

在绘制不同半径的圆时，圆规很重要。

- 在用圆规绘图时很难施以压力，因此，如使用硬度等级过高的铅芯会导致线条过浅。将较软的铅芯削尖成凿头状，不用施加过大的压力，便可绘出清晰的线条。凿头状的铅芯很容易钝粗，必须经常磨尖。

- 通过安装附件可使针管笔与圆规配合使用。

- 更大的圆可以通过追加扩展臂或使用梁式圆规绘制。

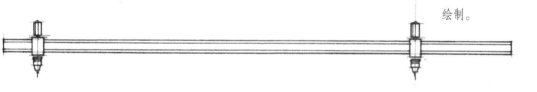

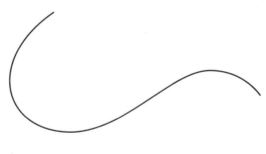

曲线规（云尺） French Curves

- 有多种云尺用于绘制不规则曲线。
- 可以用手调节曲线的形状并且固定在某个位置绘出通过一系列点的完美曲线。

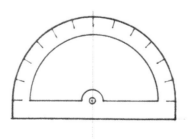

量角器 Protractors

- 量角器是用于测量与标记角度的半圆形工具。

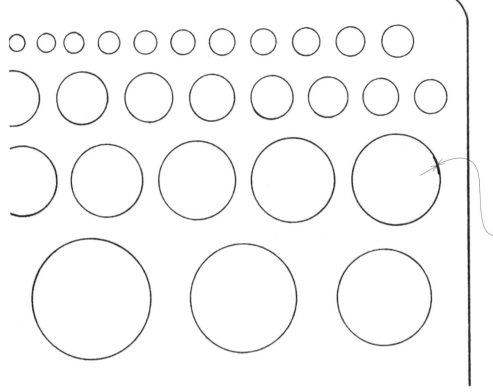

模板 Templates

模板上有切割好的图形用于绘制预定的形状。

- 圆形模板提供了不同规格、大小渐变的系列圆，尺寸通常是英尺的分数和倍数；同时亦可采用米制单位的分数和倍数。

- 绘制模板上切割好图形的精确度也会因铅芯和钢笔尖的粗细而不同。

- 一些模板会有凹凸，使其在图纸上墨时稍微抬离图面。

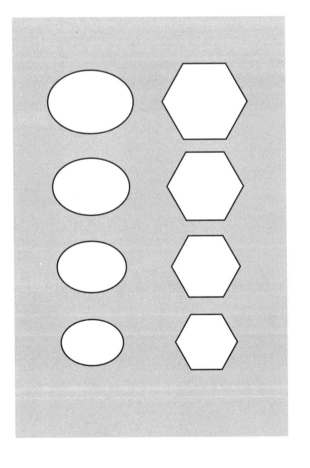

- 模板亦可用于绘制其他几何图形，如椭圆形和多边形，也可绘制各种比例尺度的管道卫生洁具及家具。

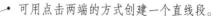

数字绘图 Digital Drawing

与传统的手绘制图工具类似的是二维矢量绘图软件，它将"线"这个建筑图中最重要的元素定义为数学矢量。

- 可用点击两端的方式创建一个直线段。
- 笔画的轻重可以从菜单中选取或通过定义其参数项（毫米、英寸的分数或是点数，比如1点＝$\frac{1}{72}$英寸）实现。

数字引导 Digital Guides

绘图程序中的指令通常是控制点和线的运动从而绘出精准的水平线、垂直线与斜线。网格和辅助线与"捕捉"命令一起，进一步有助于精确绘制线与形。

- 平行线可以通过复制并移动现有的特定长度与方向的线得到。

- 垂线可通过将现有线条旋转90°得到。

- 可设置智能参考线用以绘制30°、45°、60°以及任意角度的线条。

- 斜线或倾斜的线条可通过将现有的线条旋转到期望的角度得到。

- 辅助线可用于定位（对齐或发散）中心或限定线段的上下、左右位置。

- 中心对齐

- 左端与下端同时对齐

- 左端对齐

数字模板 Digital Templates

二维绘图与计算机辅助设计（CAD）程序包括几何形状的数字模板、家具、构件以及用户指定的要素。无论是实体模板，还是数字模板，其目标是相同的——在绘制重复的要素时节省时间。

橡皮擦　Erasers

铅笔绘图的好处是其笔迹可以轻松擦除。通常使用与媒体介质或图面配套的最软橡皮，避免使用粗糙的墨水橡皮擦。

- 乙烯或聚氯乙烯塑胶橡皮耐磨，不会弄脏或污损图纸表面。
- 一些橡皮含有消字液，可以从纸上或胶片上擦去墨线。
- 液体消字液可以在绘图用薄膜上清除铅笔和墨线印迹。

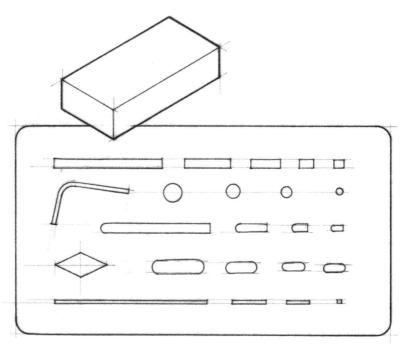

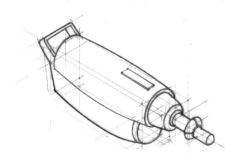

- 电动橡皮擦可以相当方便地清洁大面积的图纸，擦除墨线，安装紧凑型电池的橡皮擦使用起来特别方便。

擦图片　Erasing Shields

擦图片上有各式各样切割好的图案来限定要擦除区域的边界。这些薄且坚韧的不锈钢片在使用电动橡皮擦时用来保护图纸表面特别有效。开有方孔的擦图片，能够精确地擦除图上的某片区域。

其他辅助工具　Other Aids

- 草图刷帮助除去橡皮屑及其他颗粒，保持图面清洁。
- 软的颗粒状草图粉可用于在绘制草图过程中给表面覆上一层临时的保护层，吸附铅笔芯的碎屑，并使图面保持清洁。但是如果撒得过多，粉末会抹断线条。所以如果必须要用的话，注意别太多。
- 在绘制墨线图纸时可以使用吸墨粉。

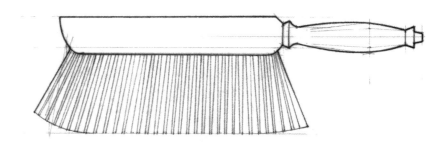

在绘图中，"比例"是指表现图与其所代表的全尺寸实体之间的比例关系。这一术语还指代标有代表长度的一套或几套精确数字刻度的绘图工具，用于测量、识读或者转换图纸上的尺寸或距离。

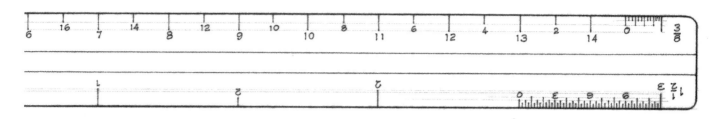

建筑师的比例尺 Architect's Scales

建筑师的比例尺边缘带有刻度，以便比例图可直接以英尺或英寸进行度量。

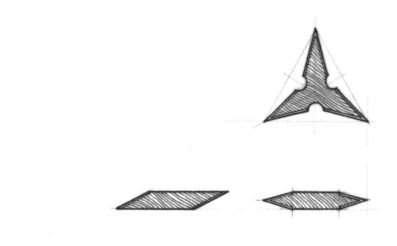

- 三棱尺有6个面，11种比例，全长都是以$\frac{1}{16}$″代表1′，同时为便于建筑师使用还标志出了分别由$\frac{3}{32}$″、$\frac{3}{16}$″、$\frac{1}{8}$″、$\frac{1}{4}$″、$\frac{1}{2}$″、$\frac{3}{8}$″、$\frac{3}{4}$″、1″、$1\frac{1}{2}$″以及3″代表1′-0″的刻度。

- 斜面比例尺有2个斜面、4种比例或是4个斜面、8种比例。

- 12英寸与6英寸长的比例尺都可使用。
- 应该精确地校准比例尺并雕刻上耐磨刻度。
- 比例尺一定不要作为画直线的直尺来使用。

- $\frac{1}{8}$″ = 1'-0″

- $\frac{1}{4}$″ = 1'-0″

- 在识读建筑师比例尺时，依据尺度大小选择比例尺适合的一条边。

- $\frac{1}{2}$″ = 1'-0″

- 建筑图的比例越大，它就越有可能而且应该包含更多的信息内容。

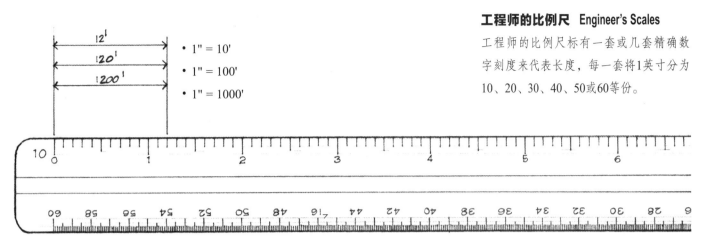

工程师的比例尺　Engineer's Scales

工程师的比例尺标有一套或几套精确数字刻度来代表长度，每一套将1英寸分为10、20、30、40、50或60等份。

- 1" = 10'
- 1" = 100'
- 1" = 1000'

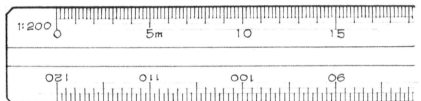

米制比例尺　Metric Scales

米制比例尺标有一套或几套精确数字刻度来代表长度，每套都建立了1毫米与若干毫米之间的比例关系。

- 常见的米制比例包括以下几种：1:5、1:50、1:500、1:10、1:100、1:1000、1:20与1:200。

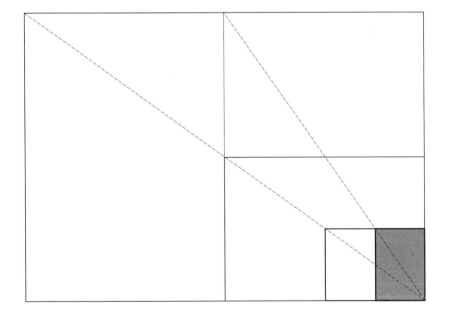

数字比例尺　Digital Scales

在传统绘图中，采用真实的单位进行思考，并且使用比例的方法将图缩小为便于处理的大小。在数字绘图中，输入具有真实单位的信息，但应该认真区分显示器上显示的视图大小与打印机或绘图仪输出图纸的尺度关系，显示器上的图像大小可以不受其真实尺寸的约束，自由地放大或缩小。

描图纸与硫酸纸的透明特性使我们得以一边参照下层图纸，一边在上层复制或改绘图样，提高了工作的效率。

描图纸 Tracing Papers

描图纸呈白色、半透明，粗糙或有表面纹理。细纹纸通常适合使用墨水，而中纹纸则更适合铅笔作图。

素描级绘图纸
Sketch-Grade Tracing Paper

价格便宜的轻质薄纸，有白色、乳白色和黄色或浅黄色，成卷包装，规格有12英寸、18英寸、24英寸、30英寸和36英寸宽。这种轻质描图纸通常用于徒手绘素描、重叠绘图与推敲方案。只能使用软质铅芯或马克笔，硬铅芯可能会轻易划破薄纸。

牛皮纸 Vellum

牛皮纸有成卷包装的、成叠的以及单张的，有16磅、20磅和24磅几种重量规格。中等磅重的16磅牛皮纸通常用于总体布局和初步的图纸。重20磅、棉浆含量100%的牛皮纸是一种稳定、透明、可擦写的纸，通常用于成图。牛皮纸上可以带有不可复制的蓝色方格，划分为4英寸×4英寸、5英寸×5英寸、8英寸×8英寸或10英寸×10英寸的网格形式。

硫酸纸 Drafting Film

硫酸纸是一种耐久、尺寸稳定而且通透性好的透明聚酯薄膜，用于清晰复制与重叠绘图。该纸有3~4毫寸厚（1毫寸=$\frac{1}{1000}$英寸，约0.025毫米），成卷或是裁切成单张。它的单面或双面为哑光，适合用铅笔或墨水书写。仅可以使用合适的铅笔、墨水和橡皮。使用液体橡皮或清除液体用的饱和乙烯基橡皮来擦掉墨线。

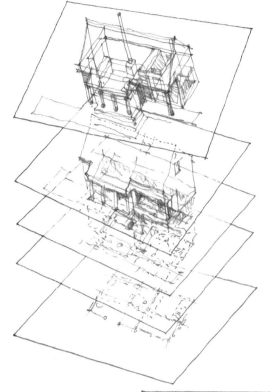

• 撕掉胶带时可能撕破纸张表面，因此在固定牛皮纸或硫酸纸时要使用绘图胶带（美纹纸胶带）而避免使用普通的胶带（透明胶）。

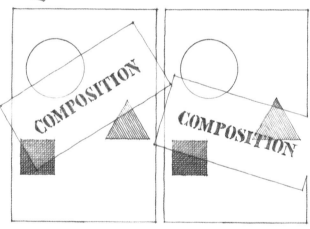

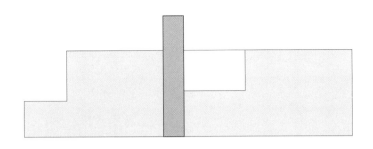

图层 1

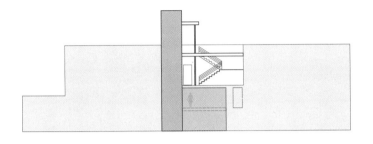

图层 1+2

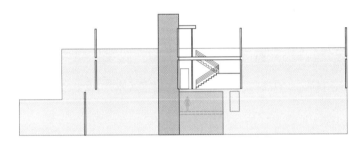

图层 1+2+3

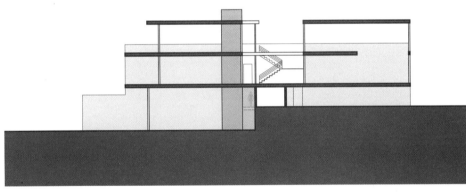

图层 1+2+3+4

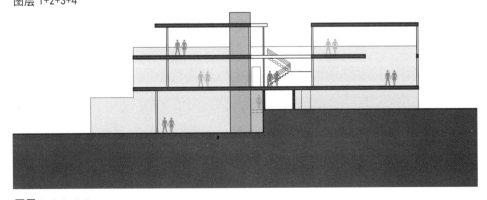

图层 1+2+3+4+5

数字图层 Digital Layers

CAD与三维建模程序能够在不同层次上组织几套信息。当将这些级别或类别的信息作为描图纸的数字替代物使用时，它们可以比描图纸的物理层面提供更多的操控与编辑信息的可能性。并且一旦输入并进行了储存，数字信息比传统图纸更易于复制、转换和分享。

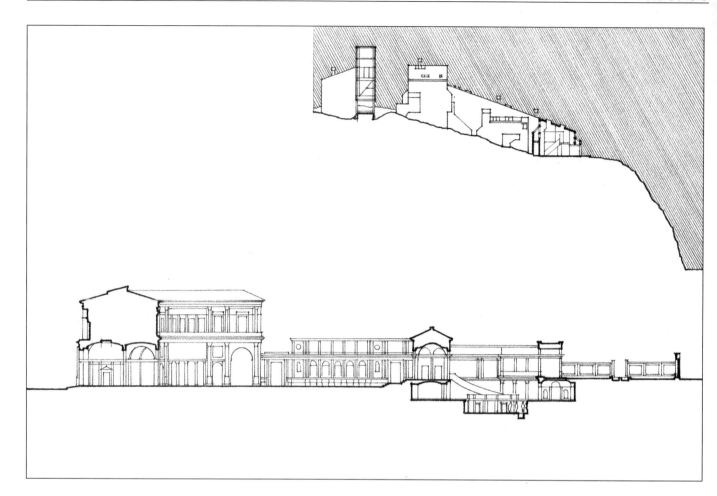

图板 Illustration Boards

图板的正面是纸，背面是硬纸板。图板有单层（$\frac{1}{16}$英寸厚）和双层（$\frac{3}{32}$英寸厚）两种。建议采用棉浆含量100%的纸表面用于最终成图。

冷压板有一定的纹理，适合铅笔绘图使用；热压板相对平滑的表面更适合着墨。

一些品牌图板的表面与白色板芯包覆在一起，因此边缘是统一的白色，使其可以用于制作建筑模型。

2 建筑图起稿
Architectural Drafting

以直尺、三角板、模板、圆规和比例尺辅助绘图是构建建筑图和表现图的传统方法，它在日益数字化的世界中仍然发挥着重要作用。用钢笔或铅笔绘制出线条，必定结合了绘制动作方向和距离的肌肉运动感知觉，这种可感知的行为反馈回大脑，强化了最终图像的结构。本章介绍了绘制线条的技巧与建议，构建了几何图形和形状，演示了等分给定的长度。了解这些步骤将有助于更加有效、系统地表现建筑及工程结构。很多方法通常也用于徒手绘制草图。广泛传播的数字化手绘技法也同样展现了构成一切绘图（无论是手绘，还是电脑绘图）的基础原则。

建筑绘图的精髓是线条，即钢笔或铅笔在绘制表面移动时留下的痕迹。控制好钢笔或铅笔是保证良好线条质量与适当粗细的关键。

- 绘图时手部要放松；执笔手不要过于用力。
- 在钢笔或铅笔的笔尖或笔前端后面几英寸处握笔；不要太靠近笔尖或笔前端。

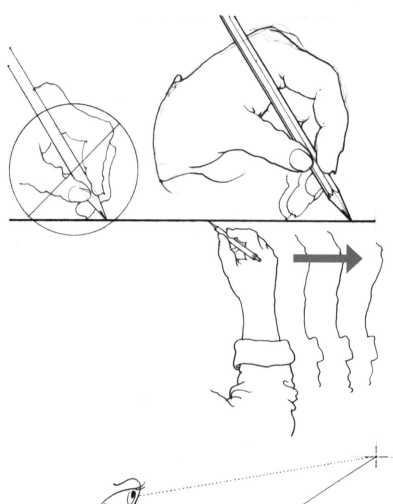

- 不要只用手指，也要用胳膊和手来控制钢笔或铅笔的运动。
- 绘图时要拖动钢笔或铅笔，不要像推球杆一样猛拉笔杆。
- 目光朝向线条延伸的方向。

终点：17, 7, 0

起点：3, -2, 0

用钢笔或铅笔绘图不仅是视觉体验，也是触觉体验；绘图时，你能够触摸到纸张、薄膜或图板表面。此外，它是手眼移动与绘出的线条相互配合产生的肌肉运动知觉行为。

数字绘图 Digital Drawing

用鼠标或手写笔在数字式输入板上绘图同手绘相类似，但与手绘不同的是，在键盘上输入线条的动作与画线的动作并非直接对应。

所有线条都在为绘图目的服务。至关重要的是，绘图时，应明白每条线所代表的意义，无论它表示的是平面的边缘、材料的变化，还是仅代表构造引导线。

以下类型的线条，含手绘的或计算机绘制的，通常用于使建筑图形更易于阅读和理解。

- 实线用于勾画物体的外形，如平面的边线或者两个平面的交线。实线的粗细依据不同的色调深度所表达的轻重程度而定。

- 虚线，由密集的短线组成，表示在我们的视线中隐藏或消失的元素。

- 中心线，由细的点画线组成，表示对称物体或构图的对称轴。

- 网格线是细实心线或中心线的矩形体系或径向体系，用于平面图的定位与校准。

- 地界线，由双点画线组成，代表了从法律角度确定并记录的一块土地的边界。

- 折断线，即在长线中加入锯齿形短线，用来表示切断了部分绘图。

- 市政管线，由代表市政设施类型的字母与被其隔断的长线段组成。

理论上讲，所有的线条都应色调均匀，易于辨认和模仿。因此，线条的宽窄首先涉及的是线条的宽度和线条的深浅。墨线是均匀的黑色，只能改变线宽，但铅笔线条在宽度和色调上都可以产生变化，这取决于所使用的铅笔芯的硬度、图纸表面的粗糙度和密度以及绘画时的描绘速度和力道。我们争取做到所有的铅笔线条均匀致密，通过改变其线宽实现不同的粗细。

粗线 Heavy

- 粗实线用来描绘平面轮廓与剖面截图（参见第54页和第71页）以及空间边界线（参见第99页）。
- 使用H、F、HB和B笔芯绘图；使劲用力都无法画出单线，表明使用的铅芯过硬了。
- 使用卡钳铅笔或用0.3mm或0.5mm铅芯的自动铅笔画一些间隔紧密的线条，避免用绘制粗实线的0.7mm或0.9mm铅笔。

中粗线 Medium

- 中粗实线表示平面的边缘和交界处。
- 使用H、F或HB笔芯。

细线 Light

- 细实线提示了在物体形态不变的前提下，材料、颜色或纹理的变化。
- 使用2H、H或F笔芯。

极细线 Very Light

- 很细的实线用于布图、建立组织性网格，并且显示表面质地。
- 使用4H、2H、H或F笔芯。

- 可以看到的线条粗细对比应与图纸的尺寸和比例相对应。

数字线宽 Digital Line Weights

手绘的一个明显优势在于，成果迅速映入眼帘。当使用绘图软件或CAD软件时，人们可以从菜单中选定线宽或指定一个绝对单位的线条宽度（毫米、1英寸的等分数或构成点数，其中1点＝$\frac{1}{72}$英寸）。无论哪种情况，从显示器上所看到的可能与打印机或绘图仪输出的并不一致。因此，需要不断尝试打印或输出图样，以确定图中线条的粗细程度和对比度是否合适。但是注意，如果必须改变线条粗细，数字绘图往往比手绘图更加容易。

线条品质是指线条的规整度、清晰度以及连贯性。

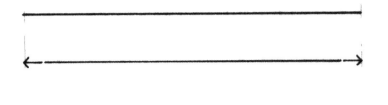

· 线条的色调和粗细应尽可能沿其整个长度保持一致。

· 绘制的线条应该是平直的，就如同两点之间紧紧地拉伸连接一般。

· 避免将线条绘成好像许多条短线叠加在一起。

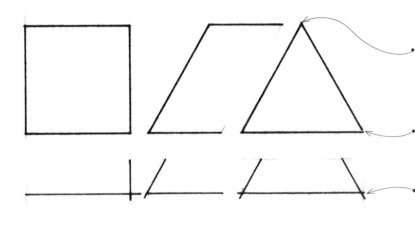

· 所有线条的交角应该清晰。

· 线条在交角处不够长，所产生的角会显得柔弱或圆钝。

· 避免过长的搭接，那样会导致图形尺寸不成比例。

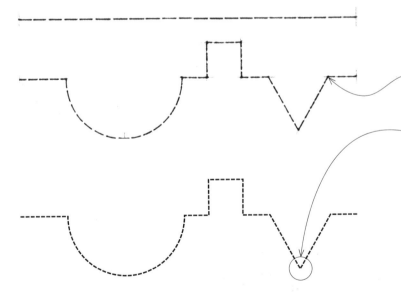

· 构成虚线的短线段长度应相对统一，并保持间距紧凑，这样才能有更好的连贯性。

· 当虚线遇到交角时，短线在交角处应是连续的。

· 角部若留有空间会使交角软化。

数字化线条品质 Digital Line Quality
在计算机显示器上看到的，并不一定意味着打印机或绘图仪打印出来的效果就是如此。数字绘图中的线条品质需待看到打印机或绘图仪的实际输出结果后才能予以评价。

· 由矢量绘图程序产生的线条是以数学公式为基础的，通常打印或输出的效果要好于光栅图像。

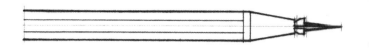

一般原则 General Principles

- 笔杆中铅笔芯的尖端应该是一个约³/₈英寸长的锥尖，如果锥尖太短或太圆，笔尖会很快变钝。

- 目前有多种机械削具可供使用。若使用砂纸磨笔芯，要降低笔芯倾斜角度，从而磨出适宜的锥尖。

- 0.3mm或0.5mm的自动铅芯不需要再削尖。

- 端正身体，沿着丁字尺、一字尺或三角板的长边上缘绘图，不要沿下缘画。

- 握铅笔时保持45°~60°角；握针管笔时角度稍微倾斜。

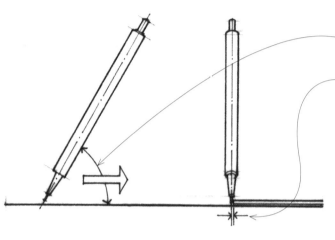

- 绘图时应沿着绘图尺长边拖动钢笔或铅笔，笔要垂直于图纸表面，而且直尺与钢笔尖或铅笔尖端之间要稍微留点空隙。不要像推拉球杆一样运笔。

- 不要画到绘图表面与直尺的衔接角。这样会弄脏工具并涂污墨线。

- 绘图速度要平稳——既不能太快，也不要太慢，并且用力要保持均匀。这将有助于防止画出的线条粗糙或颜色不均。

- 为使铅笔尖端均匀磨损并保持适当的锐度，可在画一条完整的直线时，在拇指和食指之间慢慢旋转铅笔或自动笔的笔杆。

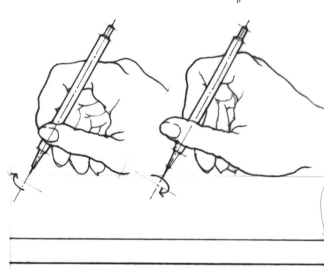

- 一条线应有明确的始端和末端。在开始和结束画线时额外加一点力将有助于达到此目的。

- 力争一笔完成画线。但是，若要实现预期的线条粗细，可能需要画一些密集排布的线条。

- 经常洗手并清洗绘图工具，使用工具时要抬起来移动，而不是在图纸表面拖动或滑动它们，通过这些方法来保持图面的整洁。

- 为了保护图纸表面，应在图面覆上轻薄的描图纸，仅露出正在绘制的区域。描图纸具有的透明度有助于使绘图区域和周围区域保持良好的视觉联系。

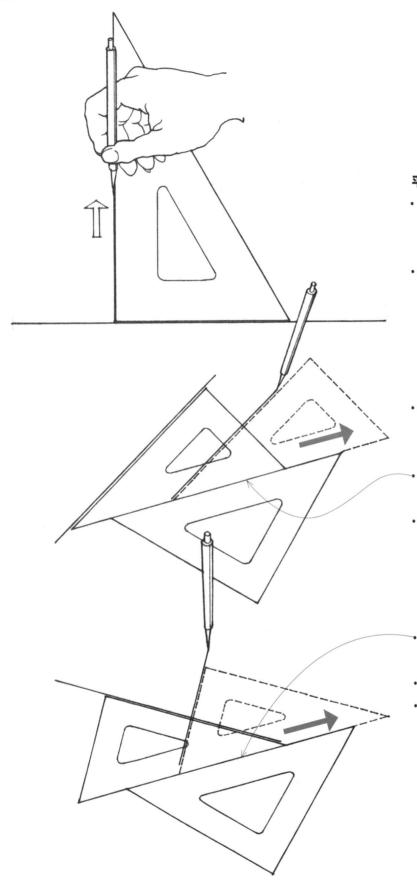

平行线与垂直线   *Parallel and Perpendicular Lines*

- 当绘制垂直于丁字尺或一字尺的垂线时，要使用三角板，并扭转身体，这样就可以采用与画水平线相似的方式来画垂线。

- 不要只是静坐不动地沿着三角板上、下边缘滑动钢笔或铅笔画垂线。

- 画一组平行线时使用两块三角板是非常有用的，特别当这一系列平行线的角度不是30°、45°、60°或90°这样的标准角度时。

- 调整一块三角板使其斜边顶靠另一块三角板的斜边，而且上面三角板的一边与给定直线对齐。

- 当滑动上面的三角板到所需位置时，要紧紧固定住下面的三角板。

- 为了画出给定直线的垂线，先将三角板的斜边顶靠另一块三角板的斜边。

- 将上面三角板的一边与给定直线对齐。

- 当你滑动上面的三角板直至其垂直边到达合适的位置时，需紧紧固定住下面的三角板。

细分 Subdivisions

原则上，通常建议从较大部分画起，一直画到较小部分。连续重复短小的长度或份数往往导致微小误差的积累。因此，将全长细分成若干等份更为妥当。按照此法细分给定长度对于绘制踏步和台阶非常有用；同时对于绘制瓷砖地面或砖石墙体这种类型的构造物同样适用。

- 将线段AB分成若干等份，从起始点画一条直线，角度控制在10°～45°。若锐角角度太小不易于精确确定交叉点。

- 沿着这条线，以适当的比例标记出所需数量的等份。

- 将端点B和C连接起来。
- 绘制平行于BC的直线与线段AB相交，则线段AB即被平分。

数字绘图程序最明显的优势在于它可以让我们尝试不同的绘图思路，若难以实现，也可轻松取消。我们可以在屏幕上设计并逐步展开，可以将它打印出来或是将文件存储起来以备日后继续编辑。尺度和布局问题可以推迟考虑，因为这些方面可以在最终的图形式图像创作时根据需要进行调整。徒手绘图时，绘制过程的结果能够直观看到，但调整尺度和布局则相对困难。

数字化添加 Digital Multiplication

用数字绘图程序很容易实现：创建、移动或调整（定位）所要复制的线条或图形。

- 我们可以沿某一给定方向，将任何线条、图形复制或移动指定的距离，根据需要不断重复这一过程，就能得到所需数量的等间距的线条或图形。

数字化细分 Digital Subdivision

我们可以采用类似于手绘时使用的方法将任意线条分段，也可以均分线段两个端点间的任意线条和图形。细分线条、图形时，无论是徒手绘图还是使用数字绘图程序分割，从一般到特殊，从大整体到小局部的划分方法都是相同的。

- 给定线段AB，绘出一条以任意角度通过点A的线段，并依据需要分割的数量，将其加以复制。

- 将最后一条线段移至点B。

- 选择全部线段并将它们均匀分布以产生所需的等分数量。

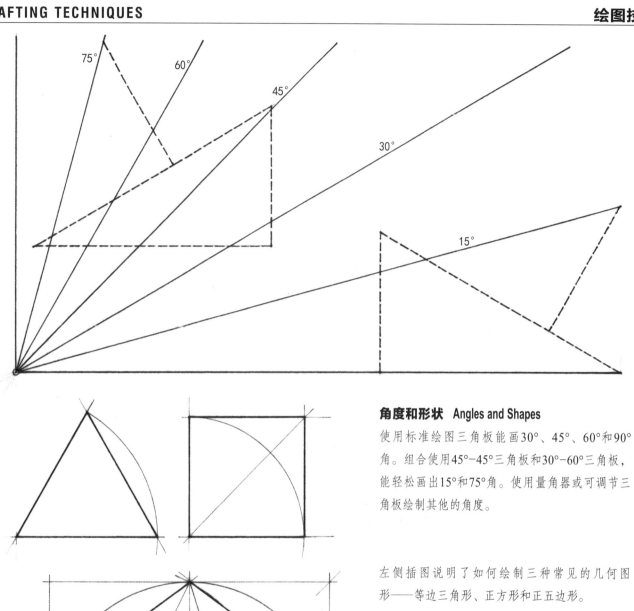

角度和形状　Angles and Shapes

使用标准绘图三角板能画30°、45°、60°和90°角。组合使用45°-45°三角板和30°-60°三角板，能轻松画出15°和75°角。使用量角器或可调节三角板绘制其他的角度。

左侧插图说明了如何绘制三种常见的几何图形——等边三角形、正方形和正五边形。

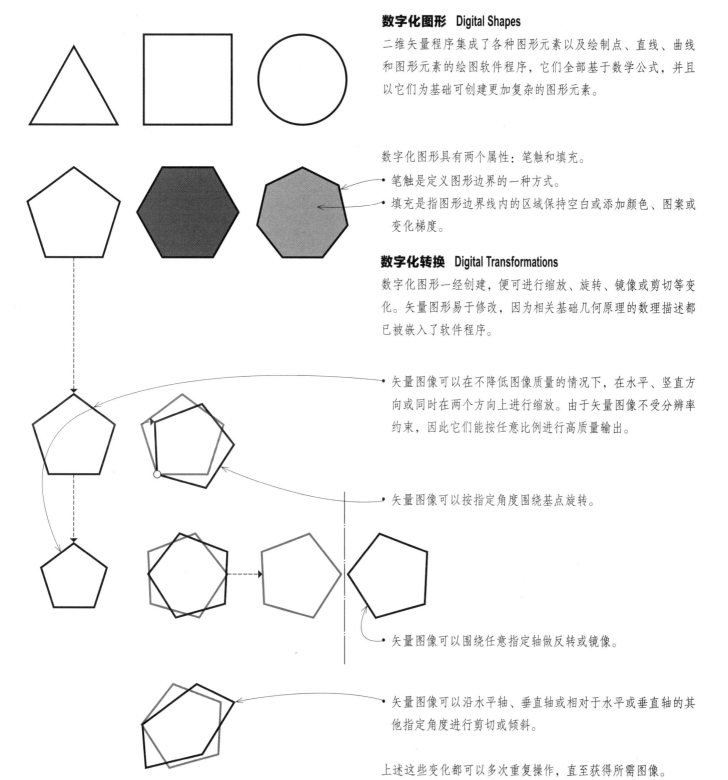

数字化图形　Digital Shapes

二维矢量程序集成了各种图形元素以及绘制点、直线、曲线和图形元素的绘图软件程序，它们全部基于数学公式，并且以它们为基础可创建更加复杂的图形元素。

数字化图形具有两个属性：笔触和填充。

- 笔触是定义图形边界的一种方式。
- 填充是指图形边界线内的区域保持空白或添加颜色、图案或变化梯度。

数字化转换　Digital Transformations

数字化图形一经创建，便可进行缩放、旋转、镜像或剪切等变化。矢量图形易于修改，因为相关基础几何原理的数理描述都已被嵌入了软件程序。

- 矢量图像可以在不降低图像质量的情况下，在水平、竖直方向或同时在两个方向上进行缩放。由于矢量图像不受分辨率约束，因此它们能按任意比例进行高质量输出。

- 矢量图像可以按指定角度围绕基点旋转。

- 矢量图像可以围绕任意指定轴做反转或镜像。

- 矢量图像可以沿水平轴、垂直轴或相对于水平或垂直轴的其他指定角度进行剪切或倾斜。

上述这些变化都可以多次重复操作，直至获得所需图像。

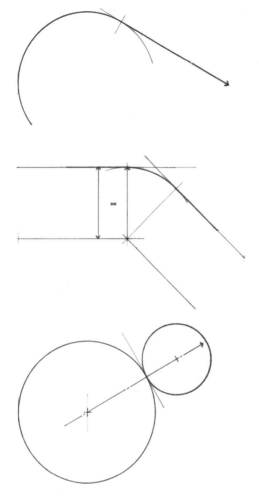

曲线 Curved Lines

- 为了避免绘出的切线与圆或曲线段不相匹配,首先画出曲线元素。

- 然后从圆或弧画出切线。

- 应注意钢笔或铅笔绘制的圆和圆弧的线条粗细要与图的其他部分相协调。

- 要以一定半径绘出与两个直线段相切的圆弧,首先应绘出距这两条直线距离等于该半径的两条直线。

- 这两条直线的交点就是所需圆弧的圆心。

- 要画两个彼此相切的圆弧,首先应从其中一个圆的圆心引出一条线,至其周围所需的切点处。

- 第二个圆的圆心必须位于这条线的延长线上。

贝塞尔曲线 Bézier Curves

贝塞尔曲线指的是由法国工程师皮埃尔·贝塞尔（Pierre Bézier, 1910—1999）为计算机辅助设计/计算机辅助制造（CAD（Computer Aided Design）/CAM（Computer Aided Making））操作设计开发的一类数学推导的曲线。

- 简单的贝塞尔曲线有两种定位点,它们定义了曲线的端点和两个控制点,这两个控制点位于曲线外,控制着曲线曲率。

- 多条简单的贝塞尔曲线连接起来便能形成更为复杂的曲线。

- 无论曲率在何处改变,两段控制线在定位点处的共线关系都能确保曲线的圆滑。

控制点
控制线
定位点
定位点
定位点
控制线
控制点

3 建筑绘图体系

Architectural Drawing Systems

建筑绘图的核心任务是把三维的外形、构筑物和空间环境表现在二维平面上。为了完成这个任务，逐渐发展形成了三种典型的绘图体系：多视点绘图、轴测绘图和透视绘图。这一章讲述这三种主要的制图体系、它们的形成原理以及相应绘图的图面特性。电脑技术制作的图形和动画不在讨论范围之内。然而，这些图解建筑表现图的体系构成了一种由一系列原理规范统辖的绘图语言。理解这些原理及相关惯例是绘制和识读建筑图的关键。

三种主要的制图体系都是由一个三维物体投影于二维的投影平面产生，或者更简单地说，投影于一个绘图平面。

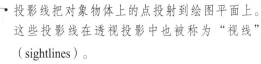

- 投影线把对象物体上的点投射到绘图平面上。这些投影线在透视投影中也被称为"视线"（sightlines）。
- 图面或者纸张实际上就等同于绘图平面。

三种典型的投影体系都是基于投影线之间的相互关系以及投影线与绘图平面之间的相互关系而形成的。

正投影　Orthographic Projection

- 投影线之间相互平行并且垂直于绘图平面。
- 轴测投影是正投影的一种特殊情况（轴测投影有正投影和斜投影两种）。

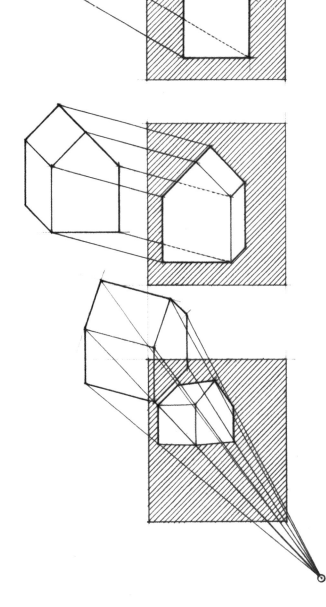

斜投影　Oblique Projection

- 投影线之间相互平行并且与绘图平面成一定倾角。

透视投影　Perspective Projection

- 投影线或者视线汇聚于观察者的眼睛处。

一旦把一个三维构筑物或者环境的信息输入计算机，理论上来讲三维计算机辅助设计（3D CAD）与建模软件就可以把这些信息以任何一种投影方法表现出来。

当研究每一种投影体系如何表达相同的物体时，我们会看到它们产生不同的图面效果。我们把这三种图形体系分为多视点绘图、轴测绘图和透视绘图。

投影体系
Projection Systems

正投影
Orthographic Projection

图面体系　Pictorial Systems

多视点图　Multiview Drawings
- 由平面图、剖面图和立面图组成的多视点图。
- 每一个观察角度上的主要侧面都需要平行于绘图平面。

轴测绘图　Paraline Drawings
- 正等测轴测投影图（Isometrics）：三个主轴与绘图平面所成的夹角都相等。

正轴测投影
Axonometric Projection

- 正二测轴测投影图（Dimetrics）：三个主轴中有两个主轴与绘图平面所成的角相等。

- 正三测轴测投影图（Trimetrics）：三个主轴与绘图平面所成的夹角均不相等。

斜投影
Oblique Projection

- 立面斜轴测投影图（Elevation obliques）：一个主立面平行于绘图平面。

- 平面斜轴测投影图（Plan obliques）：一个主水平面平行于绘图平面。

透视投影
Perspective Projection

透视绘图　Perspective Drawings
- 一点透视（1-point perspectives）：一条水平的轴线垂直于绘图平面，另外一条水平轴线和垂直轴线与绘图平面平行。

- 两点透视（2-point perspectives）：两条水平轴线与绘图平面均成一定的倾角，垂直轴线与绘图平面平行。

这些视图可出现在绝大多数三维计算机辅助设计与建模程序中，不过，可能与这里表述的定义不同。

- 三点透视（3-point perspectives）：两条水平轴线与垂直轴线都与绘图平面成一定倾角。

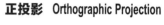

正投影 Orthographic Projection

正投影用与绘图平面垂直的投影线将形体投影到绘图平面上来表现一个三维的形体或构筑物。

• 投影线彼此相互平行，并且与绘图平面垂直。

• 通常情况下，物体的主平面平行于投影面（即绘图平面）。因此，平行投影真实地反映了这些主平面的大小、形状和比例，这是应用正投影的最大优点——能够描述形体与绘图平面平行的平面，还不会产生透视变形。

由于三维的尺度被压扁到绘图平面上，因此深度的不确定性在任何正投影图中都是不可避免的。

• 与绘图平面垂直的直线在投影上表现为一个个的点。

• 与绘图平面垂直的平面在投影上表现为一条条的直线。

• 曲面以及那些与绘图平面不平行的表面在投影上将会被压缩。

• 需要注意的是，无论几何元素在绘图平面之前或之后多远，在投影上其大小都保持不变。

任何单一的正投影图都不能全面展现倾斜或垂直于绘图平面的对象物体形体的各个侧面，只有通过观察相关的其他正投影图才能分辨清楚形体的信息。因此，我们用"多视点绘图"一词来描述一系列的正投影图，只有这样才能完整又准确地描述三维物体。

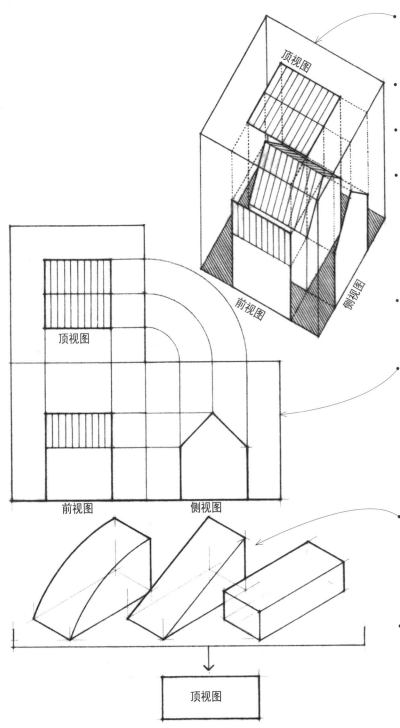

- 如果我们把物体封装入一个由透明绘图面构成的立方体盒子中，我们可以把投影到主绘图平面上的图像叫作"正投影"。

- 顶视图是投射到水平绘图平面上的正投影。在建筑制图中，顶视图也称"平面图"。

- 前视图和侧视图是投射到垂直平面的正投影。在建筑制图里，前视图和侧视图也称"立面图"。

- 参见第4章中的楼层平面图与剖面图，它们是一座建筑截面的正投影。

- 为了更容易地识读并解释一系列正投影如何表现一个三维的整体，我们以一定的顺序与逻辑关系排列各个视图。

- 当我们把前文中提到的由透明绘图平面构成的盒子展开成代表绘图表面的单一平面时，就形成了最通用的多视点绘图布置图。顶视图或平面视图向上旋转到前视图或立面图的垂直正上方。同时，侧视图旋转到在水平方向上和前视图对齐。结果构成了一套相互关联的正投影图。

- 尽管这三个物体的外形不同，但是它们的顶视图看上去是一样的。只有通过观察相关的正投影，才能理解每个物体的立体构成。因此我们应该学习用一系列相关的正投影图来研究与表现三维形体和构筑物。

- 我们必须能够解读并将一系列的多视点绘图综合起来，才能充分理解三维物体的空间特性。

正投影是通过一系列不同但相关的二维视图来表现物体的三维结构，而轴测绘图则利用单一的视图表现形体或构筑物的三维特性。更确切地说，任何正投影都是一种轴测图。但是，我们用"轴测图"来特指以下所述的单一视图。

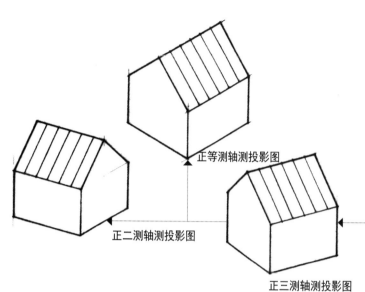

正等测轴测投影图

正二测轴测投影图

正三测轴测投影图

轴测绘图的种类
Types of Paraline Drawings

• 正轴测投影可以分为正等测轴测投影、正二测轴测投影、正三测轴测投影。

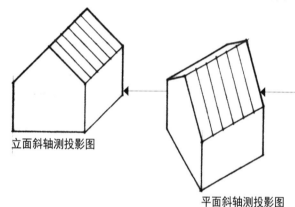

立面斜轴测投影图

平面斜轴测投影图

• 斜轴测投影又可以分成平面斜轴测投影和立面斜轴测投影。

• 但是，在三维计算机辅助设计和建模程序中，却并不会使用以上这些术语来表示不同的轴测投影图。

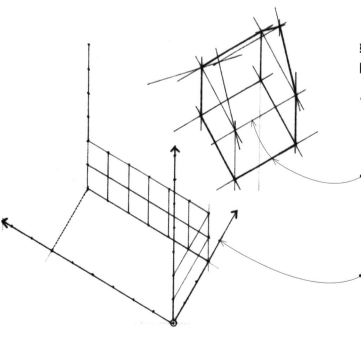

轴测绘图的图面特点
Pictorial Characteristics of Paraline Drawings

• 轴测绘图总是俯视图或仰视图。

• 对象物体中的平行线在制图过程中继续保持平行。

• 所有与 x, y, z 轴平行的轴线在绘制轴测投影图中都是可以有比例尺度的；相反，非轴线则没有比例。

正轴测投影 Axonometric Projection

正轴测投影是一个倾斜于绘图平面的三维形体的正投影，在这种投影方式下，三维形体的三个主轴长度缩短了。严格来讲，轴测投影是指一种投影线彼此平行，并且投影线共同垂直于绘图平面的正投影，但"轴测"一词经常被滥用于描述轴测投影中的倾斜投影或者全部轴测投影。多视点正投影图与单一视角的正轴测投影图的差别仅仅在于对象物体相对于绘图平面的方向。

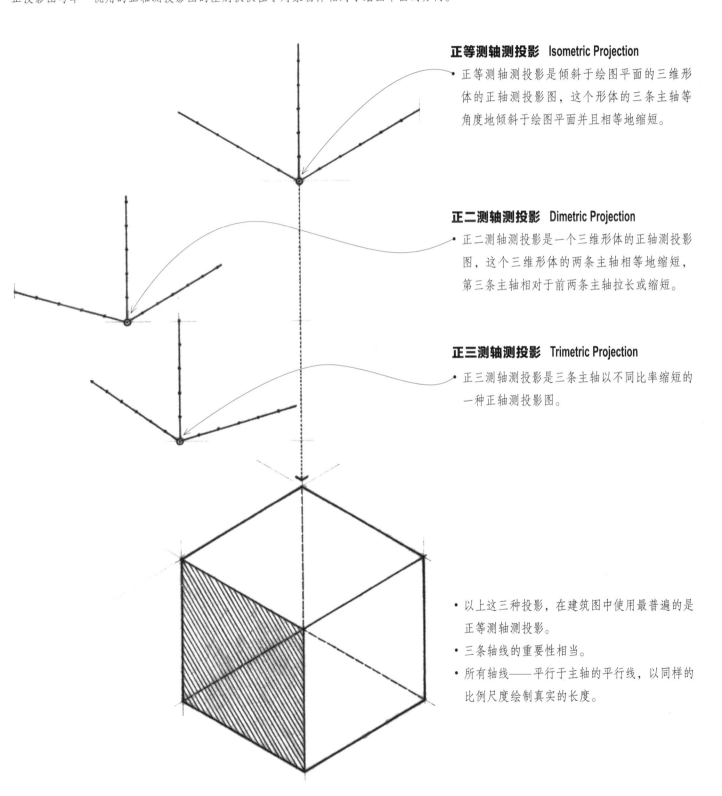

正等测轴测投影 Isometric Projection

- 正等测轴测投影是倾斜于绘图平面的三维形体的正轴测投影图，这个形体的三条主轴等角度地倾斜于绘图平面并且相等地缩短。

正二测轴测投影 Dimetric Projection

- 正二测轴测投影是一个三维形体的正轴测投影图，这个三维形体的两条主轴相等地缩短，第三条主轴相对于前两条主轴拉长或缩短。

正三测轴测投影 Trimetric Projection

- 正三测轴测投影是三条主轴以不同比率缩短的一种正轴测投影图。

- 以上这三种投影，在建筑图中使用最普遍的是正等测轴测投影。
- 三条轴线的重要性相当。
- 所有轴线——平行于主轴的平行线，以同样的比例尺度绘制真实的长度。

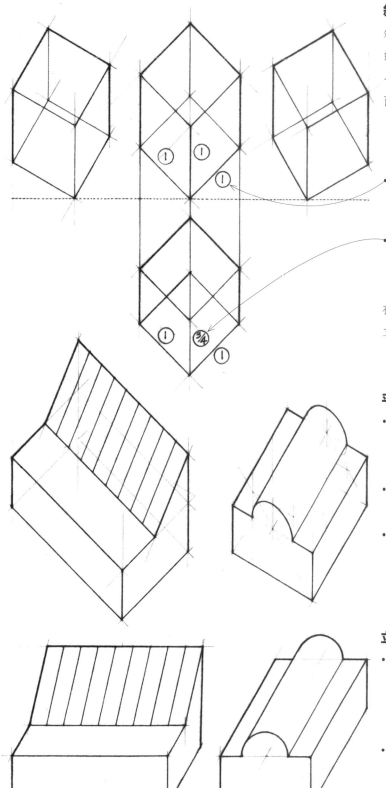

斜投影 Oblique Projection

斜投影通过以非90°的其他便捷的角度将三维形体或构筑物的平行线投影到绘图平面上来表现形体。通常对象物体的一个主要平面或一组平面平行于绘图平面，因此，这些平面的投影准确反映了真实的大小、形状和比例。

• 为方便起见，垂直于绘图平面的向后倾斜的线条通常与平行于绘图平面的线条以相同比例绘制。

• 向后倾斜的线条可能缩短至其真实测量长度的 $3/4$ 或 $1/2$，以消除外观失真。

在建筑绘图中，有两个主要的斜投影类型：平面斜投影和立面斜投影。

平面斜投影 Plan Obliques

• 平面斜投影将对象物体中的水平面平行于绘图平面。因此，这些水平面表现出真实的尺寸和形状，与此同时，两个主要的垂直面被缩小。

• 平面斜投影图相对于正等测轴测投影图有一个更高的视角。

• 构建平面斜投影的一个优点是能够使用楼层平面图作为基础图样。

立面斜投影 Elevation Obliques

• 立面斜投影将对象物体中的主要垂直面平行于绘图平面。因此，这组平行于绘图平面的垂直面在斜投影图中表现出真实的尺寸和形状，与此同时，另外一组垂直平面和主要水平平面都被缩小。

• 选定的与绘图平面平行的侧面应该是建筑物或构筑物中最长、最复杂或最重要的面。

透视投影 Perspective Projection

透视投影是将所有的点都投影到绘图平面（PP，picture plane）
来描绘三维的形体或构筑物，各条直线汇聚于代表着观察者眼
睛的一个固定点上。

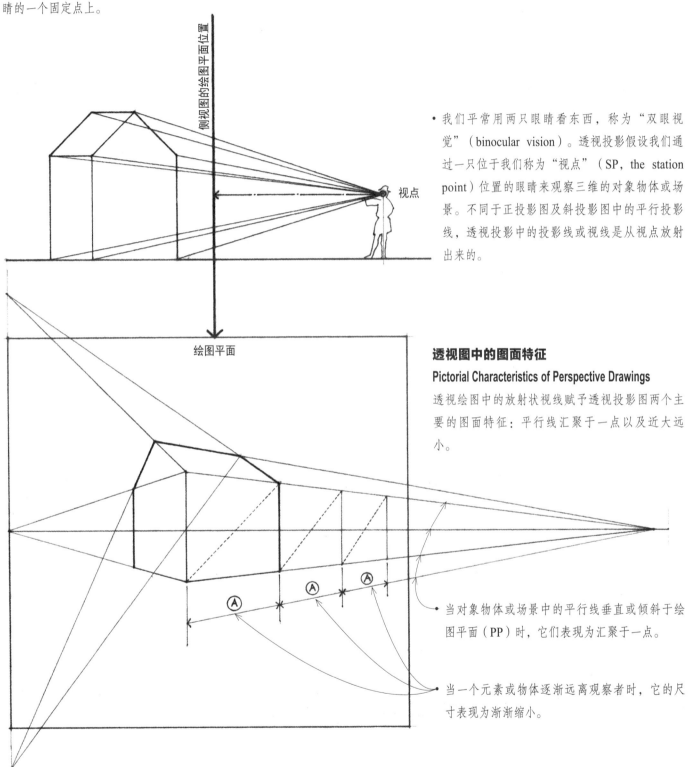

- 我们平常用两只眼睛看东西，称为"双眼视觉"（binocular vision）。透视投影假设我们通过一只位于我们称为"视点"（SP，the station point）位置的眼睛来观察三维的对象物体或场景。不同于正投影图及斜投影图中的平行投影线，透视投影中的投影线或视线是从视点放射出来的。

透视图中的图面特征
Pictorial Characteristics of Perspective Drawings

透视绘图中的放射状视线赋予透视投影图两个主要的图面特征：平行线汇聚于一点以及近大远小。

- 当对象物体或场景中的平行线垂直或倾斜于绘图平面（PP）时，它们表现为汇聚于一点。

- 当一个元素或物体逐渐远离观察者时，它的尺寸表现为渐渐缩小。

体验视图与客观视图 Experiential vs. Objective Views

一张绘制良好的透视图适合传达在三维空间环境中的切身体验。

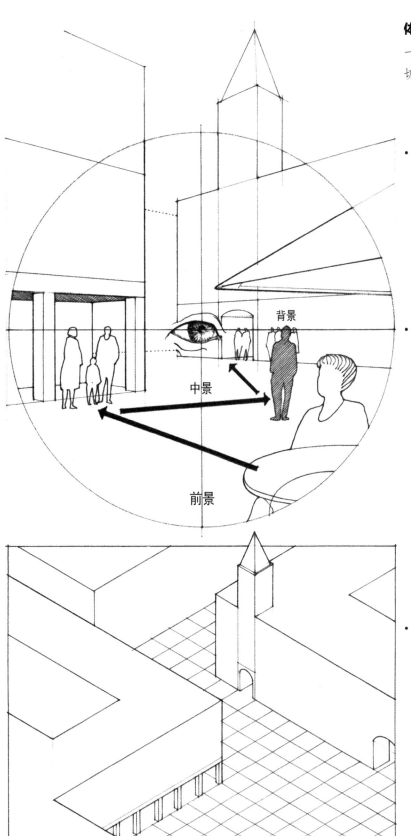

背景

中景

前景

• 透视绘图的体验特性依赖于在场景中定义至少三个深度层次的能力，即前景、中景与背景。

• 透视绘图假设有一位观察者处于空间中某一定点，并且向一个特定方向进行观察。

• 另一方面，多视点绘图和轴测绘图不涉及观察者的视点。我们可以从不同的角度观察图面并且舒适地解读客观信息。我们的目光能够在宽阔的平面图或轴测绘图中徜徉，并且正确地解读图形信息。

视觉序列 Serial Vision

我们可以用一系列的透视图——"视觉序列"
（serial vision）——不仅传递在空间中身临其境的
体验，而且传递在连续空间中移动的体验。

• 三维建模程序往往能够创建一系列连续的透视图
景，或是创建一个在建筑物或空间环境中漫步或
飘飞的动画。如何使用这些功能来更真实地模拟
我们体验空间的方式，这样的探讨一直就没有停
止过。

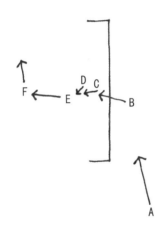

• 绘制诸如椅子或结构细节之类小尺度的形体时，如
果不考虑它们存在于空间环境中，透视图几乎没有
表现优势。在这些尺度上，平行线汇聚的程度不那
么明显，因此轴测图常常是一种更好而且更有效的
选择。

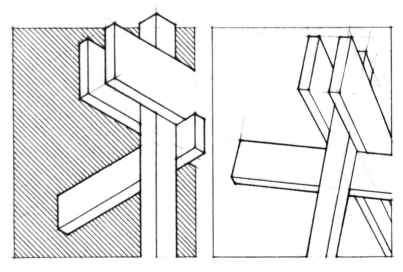

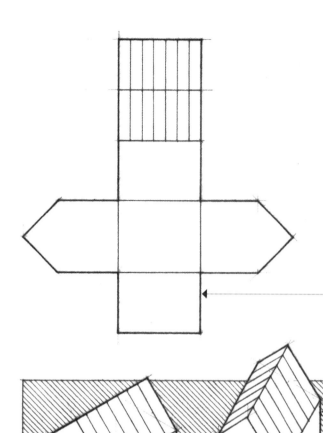

我们使用建筑绘图来启动、探讨、开发与交流设计构想。没有哪张图纸能展示其对象主体的全部信息，每种图形表现系统都提供了一种对于我们视力所及或心灵可见之物的另一种思考方式与表达方法。对特定绘图体系的选择影响到我们如何看待由此产生的图形图像，确定可视的设计议题进行评估与审查，并引导我们针对图纸所绘对象加以思考的倾向。因此，在选择一种绘图体系而非其他系统时，我们自觉或者下意识地决策展示什么或是隐藏什么。

视点 Point of View

- 多视点绘图通过一系列相对独立却又彼此关联的二维图景表现一个三维物体。
- 这些是观察者必须在头脑中整合以构建物体真实形象的抽象视图。

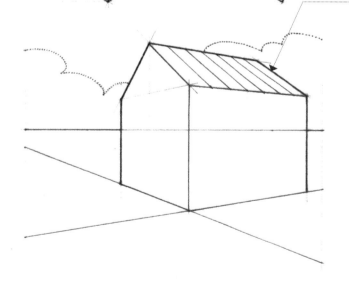

- 轴测绘图从单一视角描绘了同一个物体的三维特征。
- 这几个视图综合了多视点绘图的可度量性与透视图的图面易读特性。

- 透视图是经验视图，它表达了一种身处空间环境中的感受。
- 透视图描绘了一种视觉上的真实，而多视点绘图和轴测绘图则描绘了一种客观上的真实。
- 多视点绘图相对容易绘制，但时常难以解读。而透视绘图画起来不那么容易，但通常很容易理解——这是一对悖论。

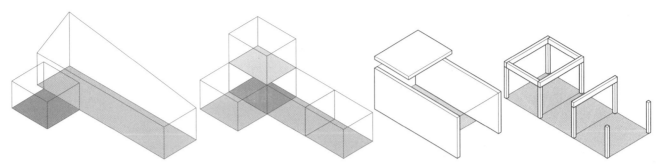

尝试不同的空间与形式的可能性

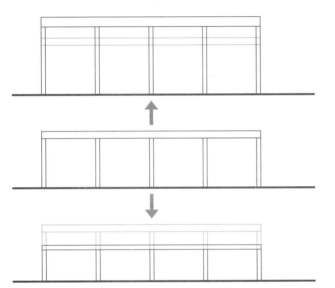

尝试不同的比例关系

数字视图　Digital Views

与传统绘图相比，数字绘图的一个显著优势在于，它具备对设计修改进行反复试验、研究不同视角或者尝试不同绘图技法的能力。这些优势源于数字绘图能够撤销某一次或一系列操作，或者在保存了图纸的上一个版本后可以在复制的版本上工作；如果需要的话，可以回到原先保存的版本。

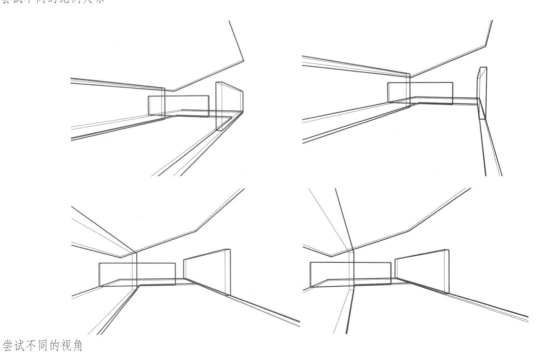

尝试不同的视角

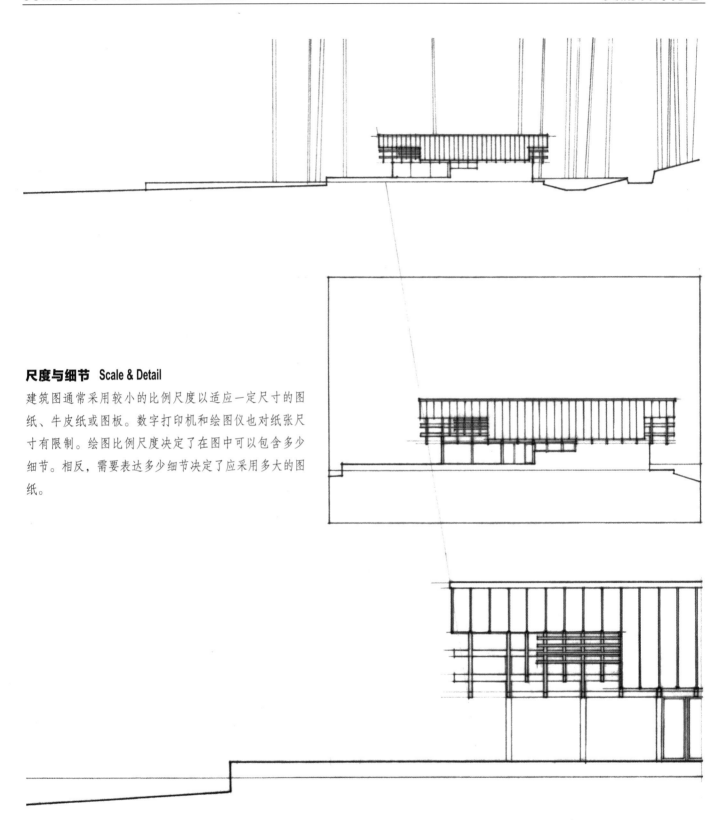

尺度与细节　Scale & Detail

建筑图通常采用较小的比例尺度以适应一定尺寸的图
纸、牛皮纸或图板。数字打印机和绘图仪也对纸张尺
寸有限制。绘图比例尺度决定了在图中可以包含多少
细节。相反，需要表达多少细节决定了应采用多大的图
纸。

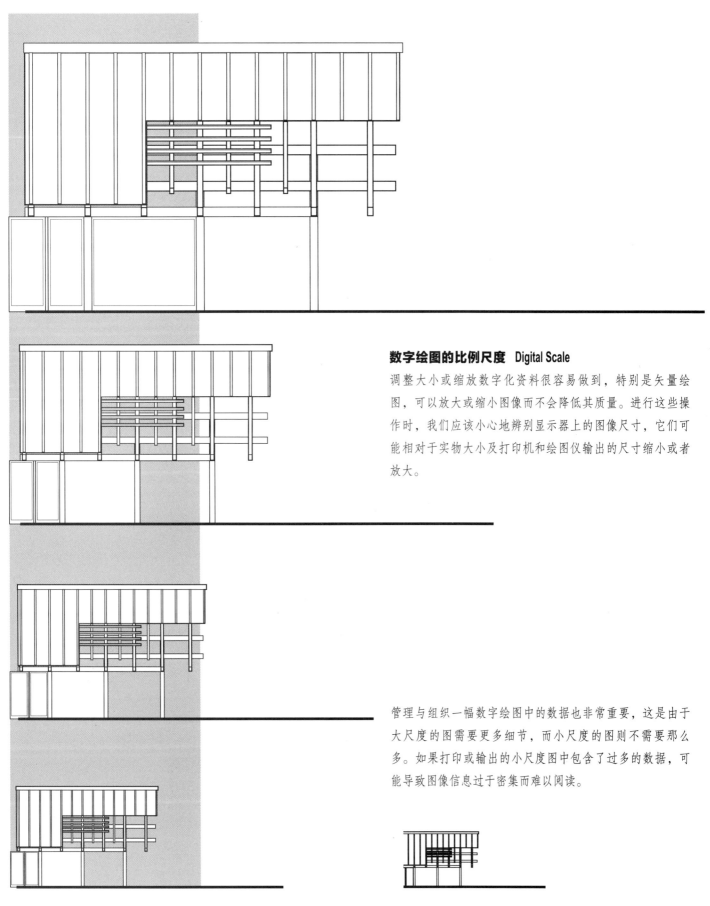

数字绘图的比例尺度 Digital Scale

调整大小或缩放数字化资料很容易做到，特别是矢量绘图，可以放大或缩小图像而不会降低其质量。进行这些操作时，我们应该小心地辨别显示器上的图像尺寸，它们可能相对于实物大小及打印机和绘图仪输出的尺寸缩小或者放大。

管理与组织一幅数字绘图中的数据也非常重要，这是由于大尺度的图需要更多细节，而小尺度的图则不需要那么多。如果打印或输出的小尺度图中包含了过多的数据，可能导致图像信息过于密集而难以阅读。

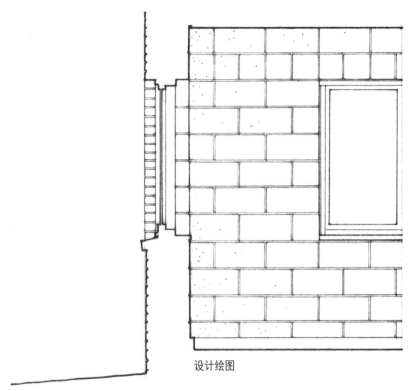

设计绘图

设计绘图与构造绘图
Design & Construction Drawings

在建筑设计中，我们使用绘图来传达空间的构成与环境的经验特质。因此，设计图纸重点是说明并厘清实体与空间的基本虚实特征、尺度与比例关系以及其他可感知的空间特质。由于上述原因，设计图纸主要通过图形方式传达信息。

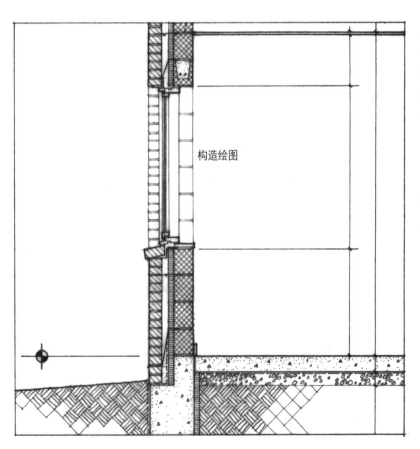

构造绘图

另一方面，构造绘图旨在给制造者或建造者介绍设计的实施或建造情况。这些合同图纸属于法律性文件的组成部分，通常不是靠具象的图样而是有赖于抽象的东西，内容包括尺寸标注、设计注释与规格说明。

目前绘制施工图的各个阶段，特别是在设计深化和施工图文档的绘制过程中，通常运用CAD和BIM技术。

CAD和BIM技术 CAD and BIM Technologies

计算机辅助设计（CAD，computer-aided design）软件和硬件技术帮助实现可视化、设计与建造现实和虚拟对象及环境，从在二维空间（2D CAD）中基于矢量绘图与线条制图到在三维空间（3D CAD）中进行实体建模与动画。

建造信息模型（BIM，building information modeling）是一项建立在CAD功能基础上，利用项目信息数据库和三维动态建模软件来促进建筑信息的交换与互通。建立、管理与协调建筑的多个方面，包括建筑的几何与空间关系、照明分析、地理信息以及建筑材料和部件的数量与属性，是一个功能强大的设计工具。

BIM技术可以用于建筑全生命周期的设计与可视化研究、制作合同文件、建筑模拟和分析、调度、协调与优化，设备、劳动力和材料的定价与预算以及设施运营管理。

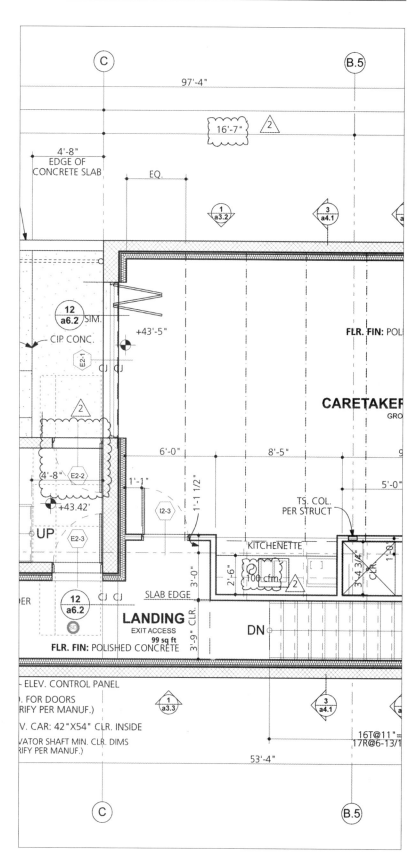

即便由CAD或者BIM技术绘制的图是正确的，它们也通常缺少能够使建筑图纸易于解读和理解的图解线索。也许最关键的是线宽对比度不足以区分在平面图和剖面图中剖切到了什么。

下面是一些典型的CAD图纸例子，其中包括了线宽的对比权重和深浅，以说明如何传达景深感，提高建筑图纸的可读性。

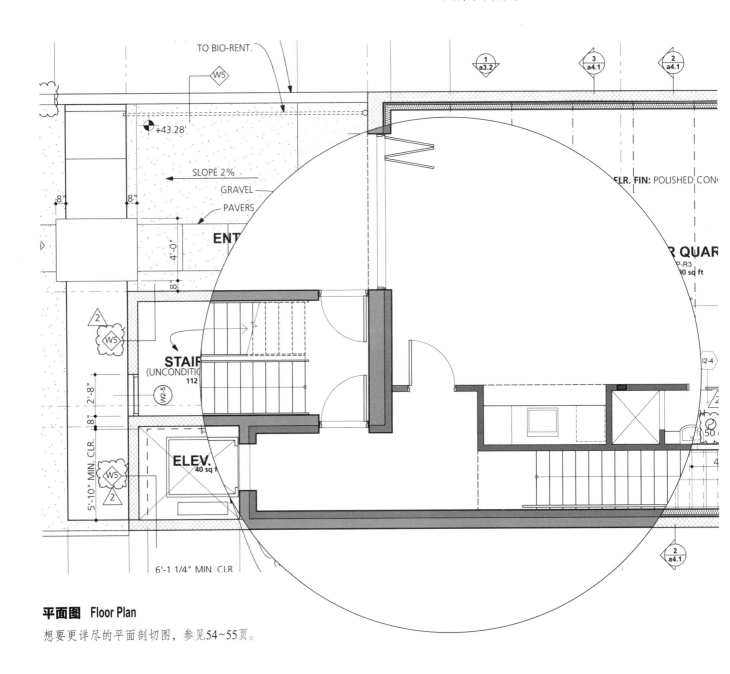

平面图 Floor Plan

想要更详尽的平面剖切图，参见54~55页。

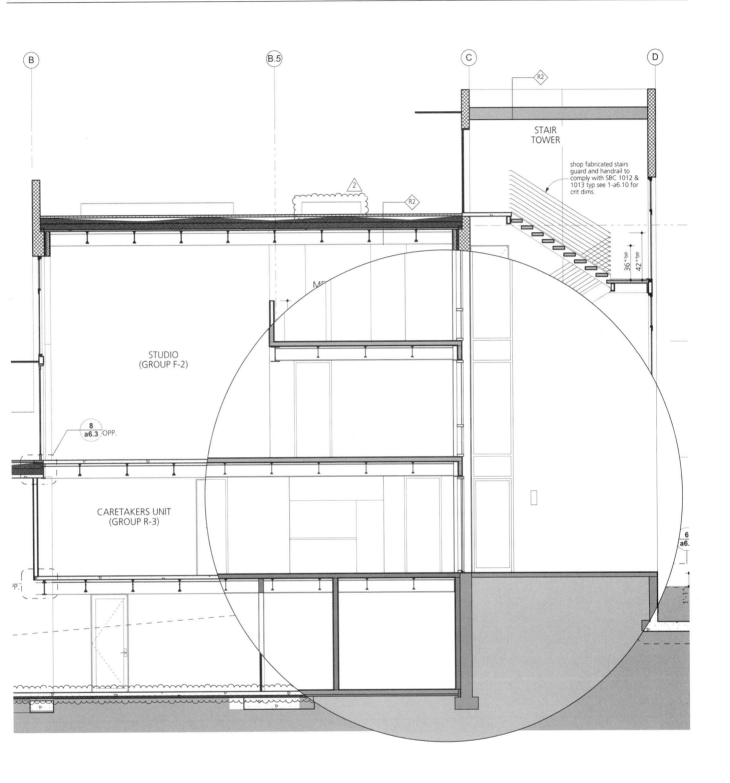

建筑剖面 Building Section

想要更清楚的剖面剖切图，参见72~75页。

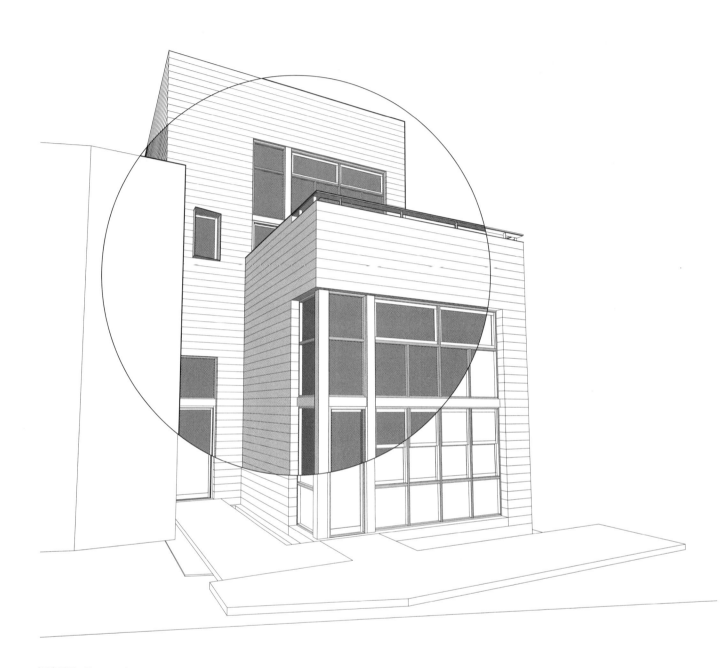

透视图　Perspective

想要更清晰的三维绘图中的空间深度线索，参见99页和第166~168页。

4 多视点绘图
Multiview Drawings

多视点绘图由我们熟知的平面图、立面图和剖面图组成。每一张图都是一个三维对象物体或构筑物某一特定侧面的正投影图。这些正投影图是基于投影理论的抽象绘图，而不是人眼看到的真实形状。它们属于概念形式的表现图，依赖于我们所掌握的知识，而不是视线中的外形。在建筑设计中，多视点绘图绘制在一个二维平面上，在这个二维平面上我们可以学习形体的外形和空间形式以及一个组织构图中的尺度和比例关系。多视点绘图能够控制图形的尺寸、布局和构成，用于传达形体的图解信息，这对于一个设计方案的描述、制作与形成是必要的。

如果我们把物体封装入一个由透明绘图面构成的立方体盒子中，我们可以命名主平面而且以正投影形式投影到这些平面上的图像。每一张正投影视图来自不同的投射方向，从特定的有利位置观察对象物体。每一张正投影视图都对设计开发与沟通交流发挥着特殊作用。

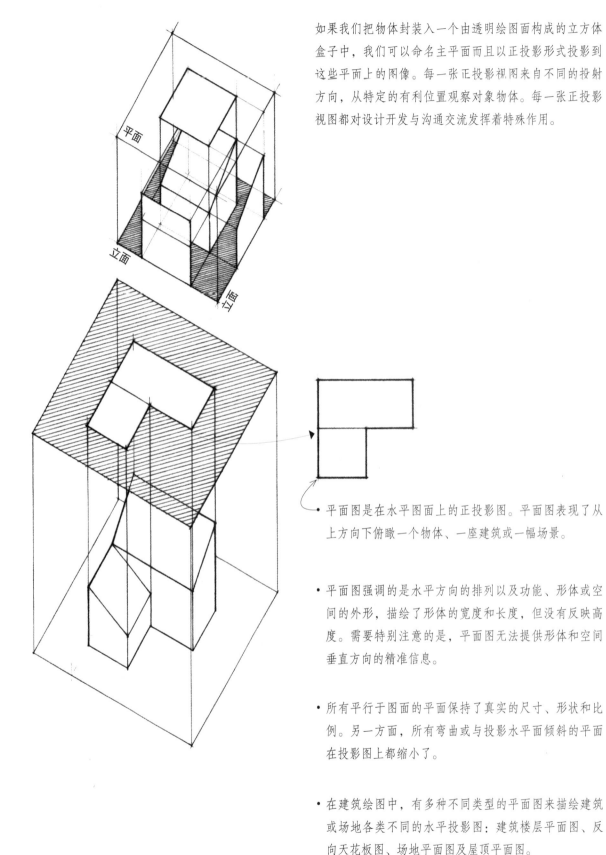

平面

立面

立面

- 平面图是在水平图面上的正投影图。平面图表现了从上方向下俯瞰一个物体、一座建筑或一幅场景。

- 平面图强调的是水平方向的排列以及功能、形体或空间的外形，描绘了形体的宽度和长度，但没有反映高度。需要特别注意的是，平面图无法提供形体和空间垂直方向的精准信息。

- 所有平行于图面的平面保持了真实的尺寸、形状和比例。另一方面，所有弯曲或与投影水平面倾斜的平面在投影图上都缩小了。

- 在建筑绘图中，有多种不同类型的平面图来描绘建筑或场地各类不同的水平投影图：建筑楼层平面图、反向天花板图、场地平面图及屋顶平面图。

建筑楼层平面图

建筑楼层平面图是设想用一个水平的平面剖切建筑，然后把上部形体移走得到的剖面。建筑楼层平面图是剖切后保留的那部分形体的正投影图。

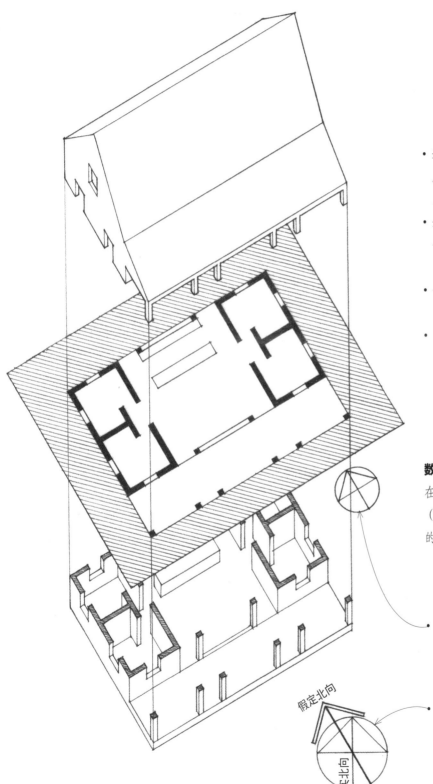

- 通常建筑楼层平面图表现了建筑墙体和柱子的布局构造、空间的形状和尺寸、窗户和门洞的样式、空间之间以及室内外的联系。

- 这个水平的剖切平面通常位于地面以上4英尺处，但这一高度也可以根据建筑设计的实际特点改变。

- 这个水平的剖切平面切割所有墙体和柱子以及大多数的门窗洞口。

- 从这个剖切平面看过去，我们能看到所有的楼面、柜台、桌面以及其他类似的水平表面。

数字平面图 Digital Plans

在3D建模程序中，运用垂直于竖直视线的"前后"（front and back）或者"远近"（hither and yon）的剖切平面，在数字模型中创建一个楼层平面图。

- 我们用指北针来指示建筑平面图的方向，通常指北针在图纸上指向上方。

- 如果建筑物的主轴向北偏东或偏西小于45°，我们使用一个假定的北向，这样可以避免冗长的图名，例如"北—东北立面图"或"南—西南立面图"。

假定北向

真实北向

绘制建筑楼层平面图 Drawing a Floor Plan

接下来的一系列绘图说明了建筑平面图的绘制次序。尽管这个次序可以根据实际的建筑设计改变，但始终是从最为连续的规范性元素开始，并延伸至被这些元素包容或限定的内容。

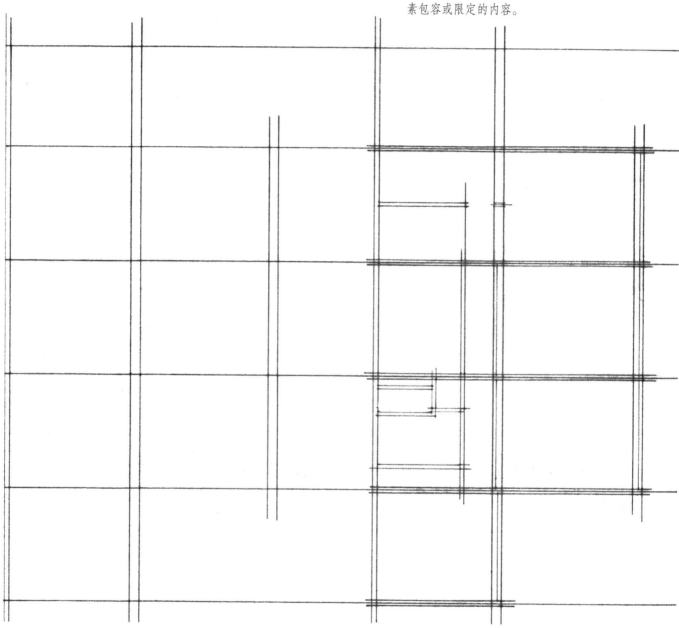

- 首先绘制确定建筑构件和墙体位置的定位轴线。
- 绘制网格状中心线对于确立建筑或模数体系是一种方便且有效的方法。

- 然后，赋予主要墙体和其他建筑构件正确的厚度，例如柱子。

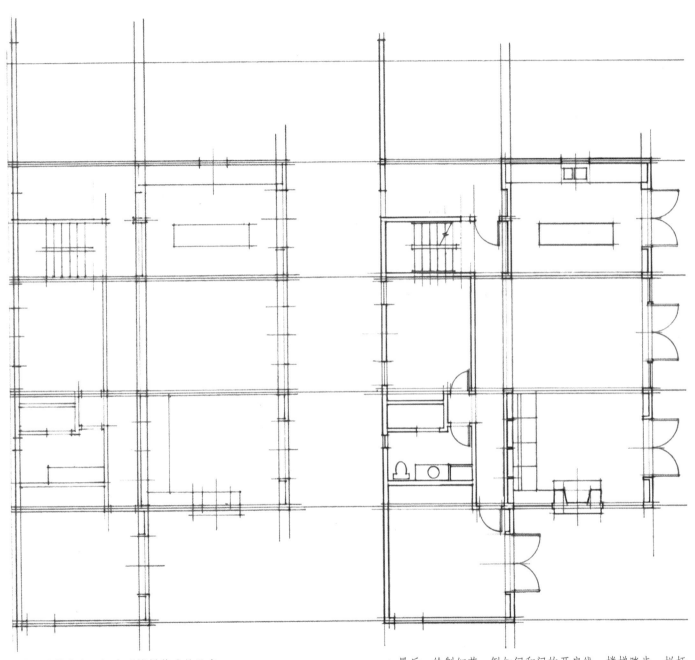

- 然后绘制窗户、门廊及楼梯等建筑元素。

- 最后，绘制细节，例如门和门的开启线、楼梯踏步、栏杆扶手及嵌入式家具。

定义剖面 Defining the Plan Cut

阅读平面图的关键在于能够分辨实体和虚空，正确识别实体的边界。因此，图解方式特别强调楼层平面图剖切到了什么以及辨别剖切平面以下形体的材料。

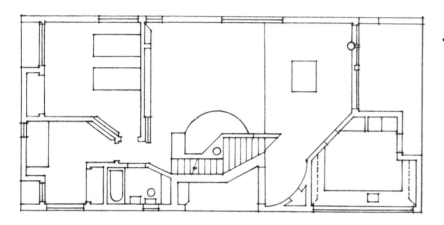

• 左图是罗伯特·文丘里（Robert Venturi, 1925—2018，美国建筑师）1962年在费城栗子山（Chestnut Hill）为母亲温娜·文丘里（Vanna Venturi）太太设计的住宅一层平面图，采用单一线宽绘制。

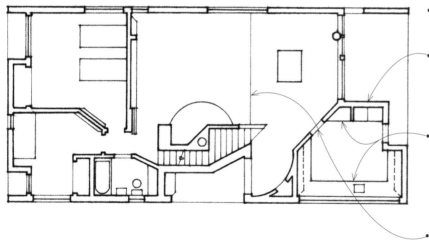

• 为了传达楼层平面图的深度信息，我们可以使用有层次的线宽绘制楼层平面图。

• 最粗重的线描绘了剖切到的形体。作为轮廓线，剖切线必须是连续的，它不能和其他剖切线相交，也不能采用较细的线条终止。

• 中粗线表示剖切平面以下、楼面以上水平面的轮廓。距离剖切平面越远的水平面运用越细的线表示。

• 最细的线代表表面线。这些线条并不意味着形体的任何变化，它们仅仅代表楼层平面或其他水平表面的视觉图案或者肌理。

• 绘图比例尺影响线宽的范围，线宽可以用来表达空间的深度。和大比例尺的图纸相比，小比例尺的图纸使用更小的线宽。

颜色涂黑与空间深度　Poché and Spatial Depth

我们可以通过色调实现楼层平面图中的空间领域对比，强调剖
切到的形状。将剖切到的墙体、柱子或其他实体的颜色加深，
也就是涂黑。

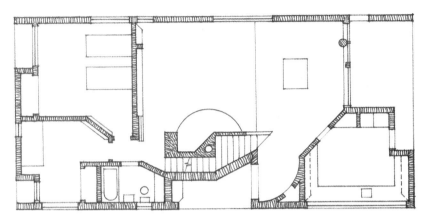

- 涂黑可以在实体和空间之间建立一种图—底关系。
- 通常在小比例的图中将剖切到的元素涂黑用以标明它们的轮廓。

- 如果在绘图区域里仅需要一个中等程度的对比，可以使用中等色调的灰黑色来强调剖切到的元素。这一手法在大尺度的平面图中特别重要，因为大面积的涂黑会带来视觉上的沉重感，并且对比太过生硬。

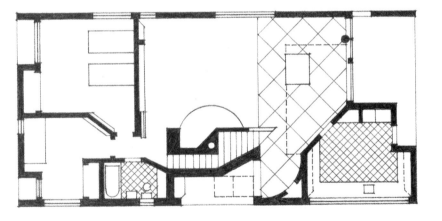

- 如果诸如地面图案和家具这些平面元素给图纸确定了一个色调，必须使用深灰或黑色来实现实体与虚空之间必要程度的对比。

数字楼层平面图   Digital Floor Plans

当人工绘图或使用CAD软件绘制建筑平面图时，区分实体与虚空是非常重要的。手绘草图时，我们应该使用一系列宽度形成对比的线条，将剖切到的元素轮廓与剖切面下面的元素区别开。

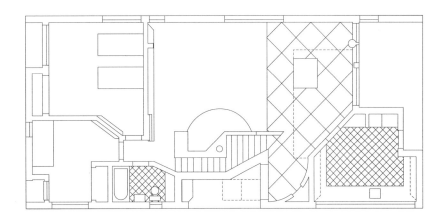

• 这张楼层平面图使用了相同的线宽，一眼看上去很难分辨平面图上剖切到了哪里。

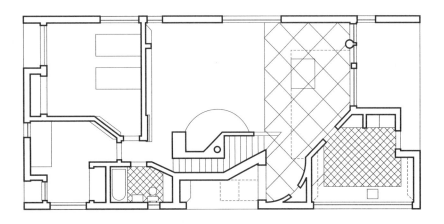

• 这张楼层平面图用最粗的线条描绘了剖切到的形体轮廓，用中粗的线条绘制了剖切面以下、楼面以上水平面的边界，用最细的线条代表表面线。

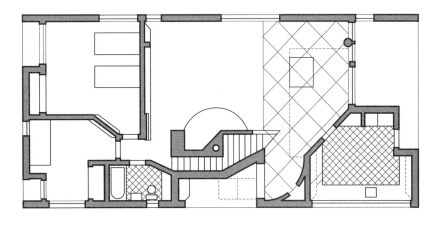

• 这张楼层平面图通过色调或者涂黑实现楼层平面图中的空间领域对比，强调剖切到的形状。

当手绘或使用CAD软件绘制楼层平面图时，应该避免使用色彩、肌理和图案，造成剖面图过于花哨。强调的重点应该是清楚阐释剖切平面及剖切平面以下几何元素的相对深度。

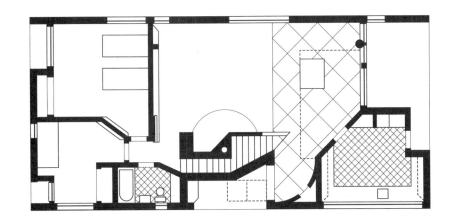

- 在平面图，特别是小比例尺的平面图中，可能需要用深灰色或黑色来制造实体与虚空之间理想程度的对比。

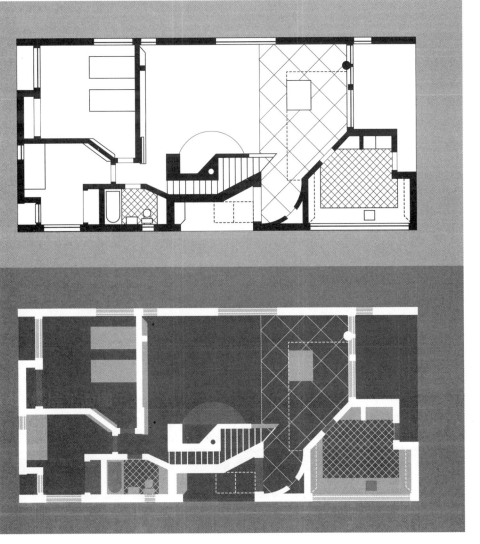

- 计算机绘图程序的一个优势在于可以轻松实现大范围的色调渲染。当一个建筑楼层平面图与其背景对比时，这种方法是非常有用的。

- 最后一个例子反映了如何颠倒配置构图色调。剖切到的形体元素使用浅色调，空间使用更深的色调来表示。

门和窗 Doors and Windows

在平面图中，我们看不到门的外形，要依靠立面图来表达这部分信息。不管是平开门、推拉门还是折叠门，建筑平面图能够显示的是门洞的位置和宽度，并在一定程度上反映门边框和门的开启方式。

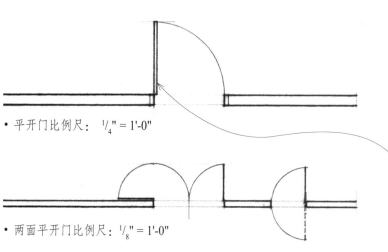

• 平开门比例尺：$\frac{1}{4}'' = 1'\text{-}0''$

• 两面平开门比例尺：$\frac{1}{8}'' = 1'\text{-}0''$

• 绘制垂直于门洞的两面平开门时，用$\frac{1}{4}$圆弧表示门的开启线，可以使用圆规和模板绘制开启线圆弧，确保门的宽度和门洞口的尺寸一致。

• 以$\frac{1}{4}''=1'\text{-}0''$或更大的比例尺绘制门及边框的厚度。

• 推拉门

• 内嵌门

• 双扇折叠门

• 旋转门

• 顶篷可以是直的或者弯曲的。

• ＜ 90°。

与门一样，我们不能从平面图中看到窗户的外形。建筑楼层平面图可以反映窗户的位置和窗洞的宽度，而且能在一定程度上反映窗框和窗棂。

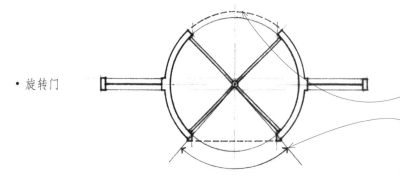

剖切　　　从剖切面位置观察；　　剖切

未剖切到

• 窗户

• 建筑楼层平面图没有剖切到窗台，因此窗台用比墙体、窗棂以及其他剖切到的形体元素构件更细一些的线条表示。

• 窗户的开启方式通常表现在正立面图中。

楼梯 Stairs

平面图能够看到楼梯——水平的踏步和休息平台，
但不能表现踏步的高度。

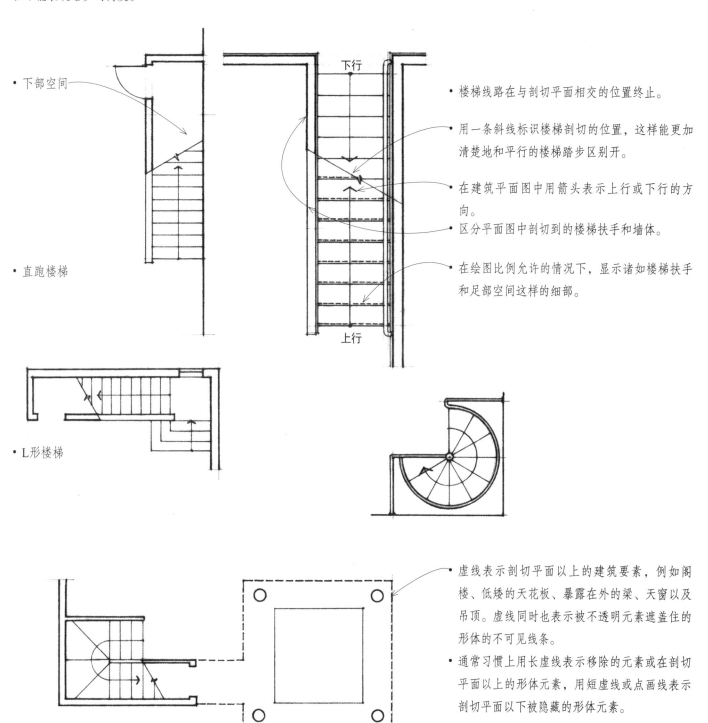

• 下部空间

• 直跑楼梯

下行

上行

• L形楼梯

• 楼梯线路在与剖切平面相交的位置终止。

• 用一条斜线标识楼梯剖切的位置，这样能更加
清楚地和平行的楼梯踏步区别开。

• 在建筑平面图中用箭头表示上行或下行的方
向。

• 区分平面图中剖切到的楼梯扶手和墙体。

• 在绘图比例允许的情况下，显示诸如楼梯扶手
和足部空间这样的细部。

• 虚线表示剖切平面以上的建筑要素，例如阁
楼、低矮的天花板、暴露在外的梁、天窗以及
吊顶。虚线同时也表示被不透明元素遮盖住的
形体的不可见线条。

• 通常习惯上用长虚线表示移除的元素或在剖切
平面以上的形体元素，用短虚线或点画线表示
剖切平面以下被隐藏的形体元素。

• 通向阁楼空间的旋转楼梯

比例尺和细节　Scale and Detail

楼层平面图通常使用$\frac{1}{8}''$=1'-0″或$\frac{1}{4}''$=1'-0″的比例尺绘制。大型或复杂的建筑可以使用$\frac{1}{16}''$=1'-0″的比例尺，以匹配图纸或图板的尺寸。

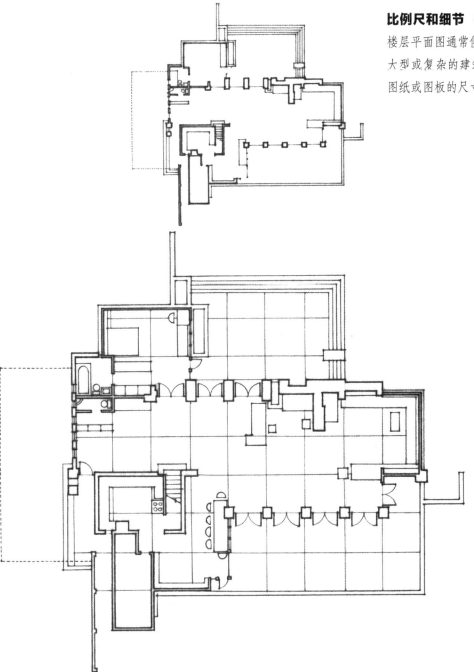

数字比例尺　Digital Scale

在计算机绘图中，包含过多信息的小尺度图样会导致文件太大，打印或绘制出的图面信息量太密，不便阅读。

大比例尺的平面图用来研究与表现空间细部，例如厨房、盥洗室和楼梯。大比例尺使地板装饰层、室内设施及装饰等方面的信息得以囊括。

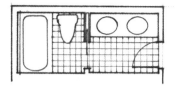

反之，平面图的比例尺越大，它所包含的细节越多。当绘制平面图中剖切到的构造材料层的厚度和组装结构时，这种对细节的关注最为重要。

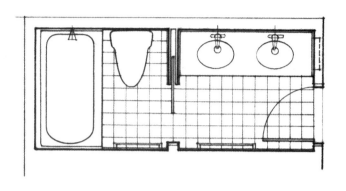

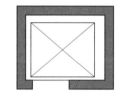

• $\frac{1}{8}" = 1'-0"$

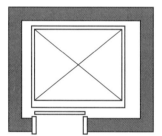

• $\frac{1}{4}" = 1'-0"$

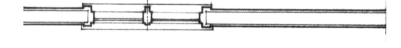

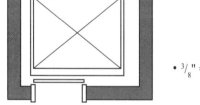

• $\frac{3}{8}" = 1'-0"$

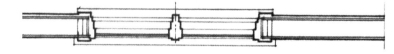

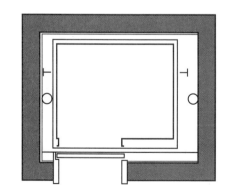

• $\frac{3}{4}" = 1'-0"$

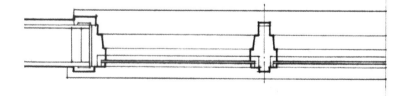

• 要特别注意墙体和门的厚度、墙体的端头、转角及楼梯的细节。广泛的建筑构造知识对绘制大比例尺的楼层平面图是非常有益的。

房间的天花板平面图是从上向下看，把天花板表面和各个构件向下投影的一个平面图。基于这种原理，我们通常称这种图为"反向天花板图"。

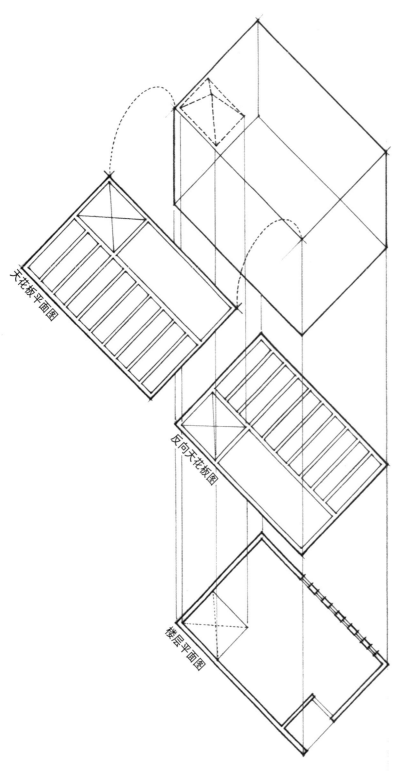

天花板平面图

反向天花板图

楼层平面图

反向天花板图 Reflected Ceiling Plans

- 反向天花板图与楼层平面图具有相同的水平投影方向。

- 天花板平面图显示诸如天花板形状和材料、照明装置的位置和类型、暴露的结构部件及机械管道、天窗或天花板上的其他开口等方面的信息。

- 通常使用和楼层平面图相同的比例尺绘制天花板平面图。与楼层平面图一样，非常重要的是要绘制出所有与天花板相交的垂直构件的轮廓。

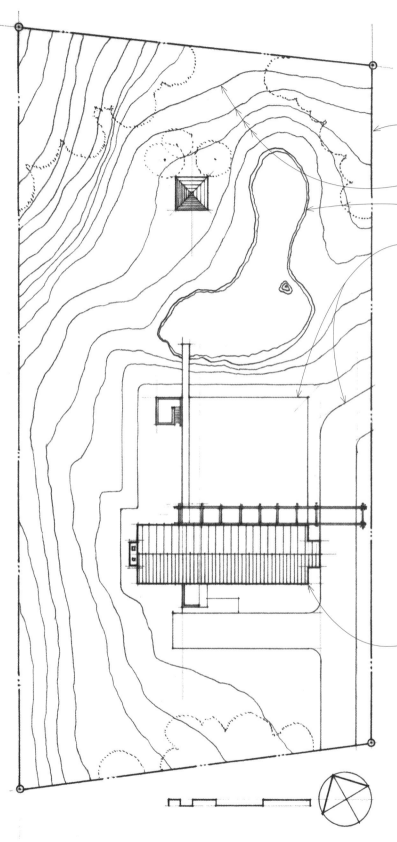

场地平面图描述一座建筑或建筑群在场地中以及相关背景中的位置及朝向。不论在乡村，还是在城市，场地平面图需要表达如下内容：

• 用虚线表示场地的法定边界，长线段之间是两条短虚线或点线。

• 用等高线表示自然地形。
• 场地内的自然地物，例如树木、景观及河道。

• 已建成的或拟建的建筑物，例如步道、网球场和行车道。
• 当前环境中对拟建建筑物产生影响的建筑结构。

此外，场地平面图也可以包括以下内容：
• 法定限制条件，比如分区和路权。
• 现有的或拟建的场地设施。
• 行人和车辆的出入口及道路。
• 周围重要的环境地貌和特点。

屋顶平面图 Roof Plans

屋顶平面图是从上向下的俯瞰平面图，它描述了屋顶的外形、体量、材料或屋顶布局设计，例如天窗、平台及机械间。

• 屋顶平面图通常包含在拟建建筑物或建筑群的场地平面图中。

• 图形比例尺标明场地平面图的比例尺，指北针标明场地的方位。

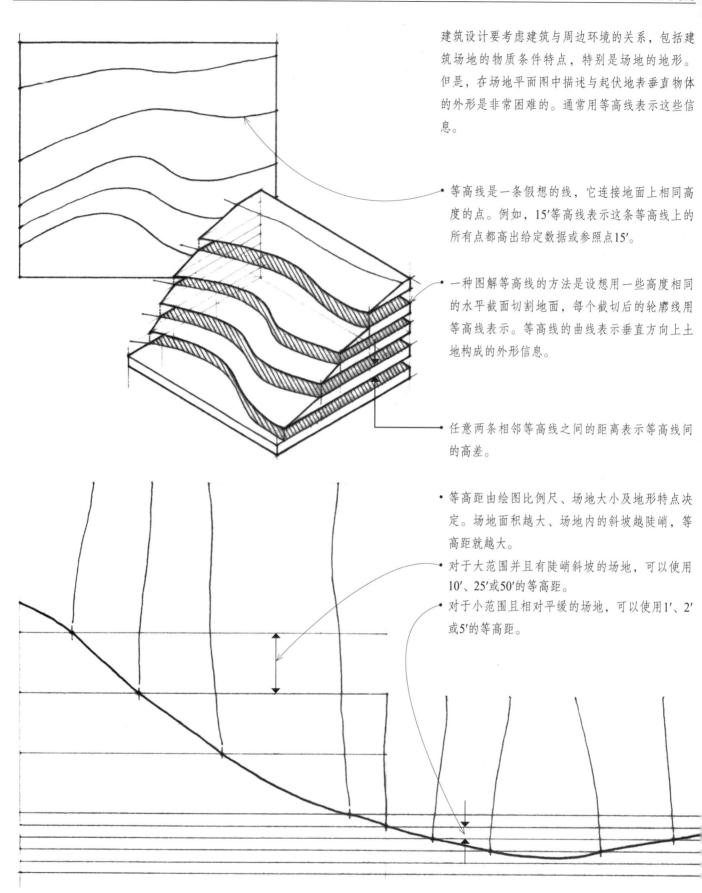

建筑设计要考虑建筑与周边环境的关系，包括建筑场地的物质条件特点，特别是场地的地形。但是，在场地平面图中描述与起伏地表垂直物体的外形是非常困难的。通常用等高线表示这些信息。

● 等高线是一条假想的线，它连接地面上相同高度的点。例如，15′等高线表示这条等高线上的所有点都高出给定数据或参照点15′。

● 一种图解等高线的方法是设想用一些高度相同的水平截面切割地面，每个截切后的轮廓线用等高线表示。等高线的曲线表示垂直方向上土地构成的外形信息。

● 任意两条相邻等高线之间的距离表示等高线间的高差。

● 等高距由绘图比例尺、场地大小及地形特点决定。场地面积越大、场地内的斜坡越陡峭，等高距就越大。

● 对于大范围并且有陡峭斜坡的场地，可以使用10′、25′或50′的等高距。

● 对于小范围且相对平缓的场地，可以使用1′、2′或5′的等高距。

两条等高线之间的水平距离是地表陡峭程度的
函数。我们可以通过等高线间的距离来明确场
地地形。

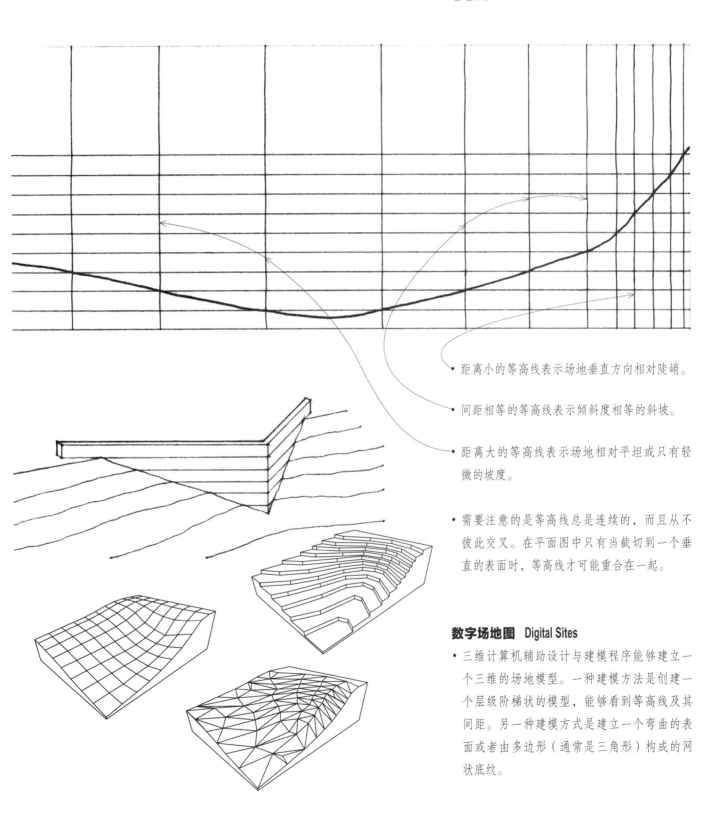

• 距离小的等高线表示场地垂直方向相对陡峭。

• 间距相等的等高线表示倾斜度相等的斜坡。

• 距离大的等高线表示场地相对平坦或只有轻
  微的坡度。

• 需要注意的是等高线总是连续的，而且从不
  彼此交叉。在平面图中只有当截切到一个垂
  直的表面时，等高线才可能重合在一起。

数字场地图 Digital Sites

• 三维计算机辅助设计与建模程序能够建立一
  个三维的场地模型。一种建模方法是创建一
  个层级阶梯状的模型，能够看到等高线及其
  间距。另一种建模方式是建立一个弯曲的表
  面或者由多边形（通常是三角形）构成的网
  状底纹。

根据场地大小及可以绘图的区间，场地平面图可采用的工程比例尺：1″=20′或者40′，或者建筑比例尺：$\frac{1}{16}$″=1′-0″或$\frac{1}{32}$″=1′-0″。

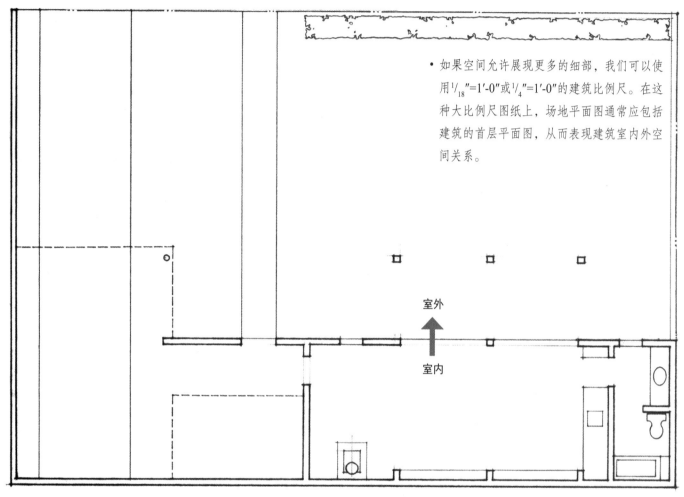

- 如果空间允许展现更多的细部，我们可以使用$\frac{1}{18}$″=1′-0″或$\frac{1}{4}$″=1′-0″的建筑比例尺。在这种大比例尺图纸上，场地平面图通常应包括建筑的首层平面图，从而表现建筑室内外空间关系。

室外

室内

真实北向

平面图北向

- 建筑场地的朝向用指北针表示。在可能的情况下，指北针的北向应指向图纸或图板的上部。
- 如果建筑物的主轴向北偏东或偏西小于45°，我们可以在命名建筑立面图时使用一个假定的北向，这样可以避免冗长的图名，例如"北—东北立面图"，或"南—西南立面图"。
- 为了澄清场地平面图和楼层平面图的关联，在表现图中应该始终使用相同的指向。

表达一座建筑与场地及周边环境的关系有两种方法。

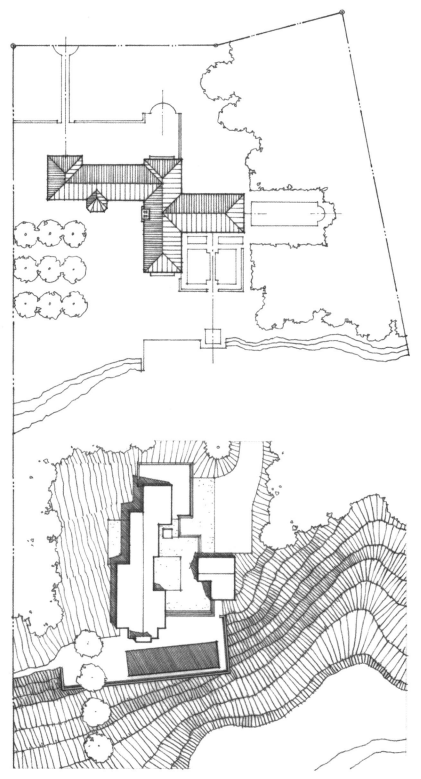

- 第一种方法是在浅色背景下用较深的颜色绘制图像。这种方法的适用前提是已指明屋顶材料，色调与肌理同周围环境形成鲜明对比。

- 第二种方法是使用较深的颜色表示环境背景，而用较浅的颜色表示建筑外形。当需要表现建筑外形投射的阴影或者景观元素赋予周围环境某种色调时，这种表现手法是很必要的。

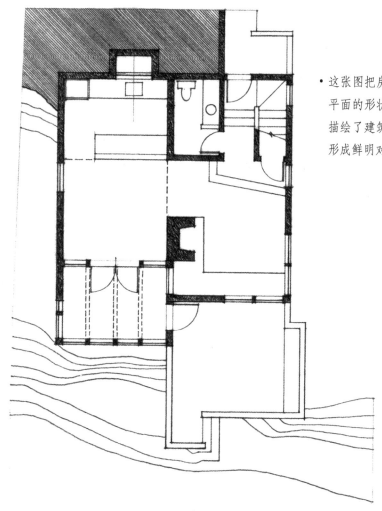

- 这张图把房屋平面图和场地平面图结合起来。房屋平面的形状以及涂黑了的剖切到的平面元素形象地描绘了建筑平面的特性，使其与周围室外空间环境形成鲜明对比。

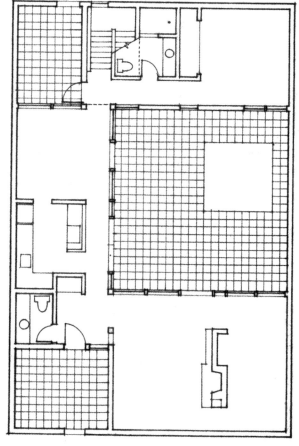

- 这张图表现了一幢建筑用外墙将场地围合起来，于是，房屋平面图与场地平面图合二为一。

剖面图是用一个插入平面截切对象物体的正投影图。剖面图使对象物体内部的材料、组成和组织显露出来。理论上，剖切平面可以是任意方向的。但是，为了将剖面图与属于另一种类型剖面图的楼层平面图区分开来，我们假想用于截切剖面的平面为竖直的。与其他正投影图一样，所有和绘图平面平行的平面的尺寸、形状和比例保持不变。

我们用剖面图设计和表达建筑构造的细部以及家具和设施的配置组合。在建筑制图中，建筑剖面图主要是表达与研究地板、墙体、屋顶结构之间的关系以及由这些设计元素界定出的空间范围及垂直尺度。

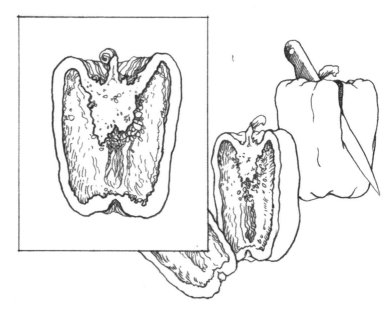

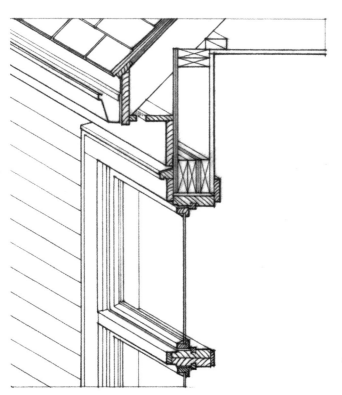

- 绘制剖面图的目的是强调建筑中楼板、墙体和屋顶结构之间的"实体—虚空"关系以及建筑当中诸个空间的垂直尺度和相互关系。

◀ 构造剖面图清晰地反映了建筑的结构与材料的组合及建筑细部。

建筑剖面图表示一个建筑的垂直剖面。用一个垂直的面剖切结构物后，我们移走它的一部分。建筑剖面图就是保留的那部分形体的正投影图，即把这部分形体向与剖切面平行或重合的竖直平面上投影得到的视图。

- 建筑剖面图揭示了建筑内部空间的形状和竖向比例、窗户和门洞在这些空间中的作用以及内部空间之间与室内、室外在垂直方向上的联系。

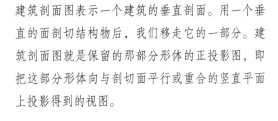

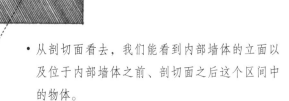

- 从剖切面看去，我们能看到内部墙体的立面以及位于内部墙体之前、剖切面之后这个区间中的物体。

- 建筑图中常用的表示剖切位置的符号是被短线或点断开的虚线。
- 不必画出穿过整个楼层平面图的剖切线，但至少要画出和建筑外轮廓相交的剖切线。
- 每条线末尾的箭头指向视线方向。

数字剖面图 Digital Sections

3D建模程序利用"前后"或者"远近"的剖切平面创建建筑剖面图。

剖切断面　The Section Cut

建筑应该被贯通式地切开，剖切面平行于主要墙体。在非常必要的时候可以折弯或偏移剖切面。

- 如果建筑物具有对称平面，通常是沿着对称轴位置剖切。
- 在其他情况下，剖切平面会通过建筑物特别重要的空间以及从一个方向看过去能展现建筑空间非常重要特征的位置剖切。
- 除非建筑非常简单，否则单一剖切面通常不足以表现建筑的内部特征。记住，建筑剖面图只是一系列相互关联的正投影图中的一部分而已。

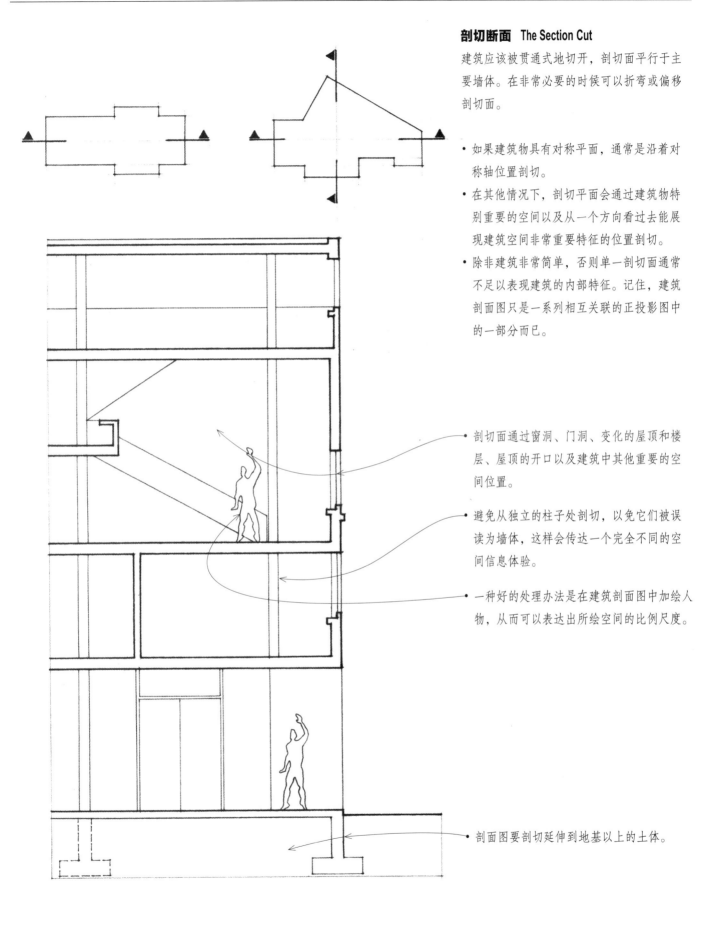

- 剖切面通过窗洞、门洞、变化的屋顶和楼层、屋顶的开口以及建筑中其他重要的空间位置。
- 避免从独立的柱子处剖切，以免它们被误读为墙体，这样会传达一个完全不同的空间信息体验。
- 一种好的处理办法是在建筑剖面图中加绘人物，从而可以表达出所绘空间的比例尺度。
- 剖面图要剖切延伸到地基以上的土体。

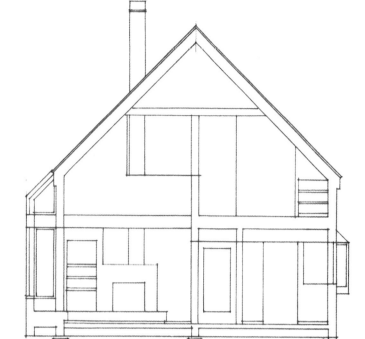

定义剖切断面 Define the Section Cut

像楼层平面图一样，剖面图中关键是区分实体与虚空并正确分辨实体和虚空相交的位置。我们必须借助粗细线条或者不同的色调来表达空间的深度和空间体积的存在。根据剖面图的比例尺、绘图媒介以及实体与虚空之间所需的对比程度来使用这种绘图手法。

• 这是一幅用单一线宽的线条绘制的建筑剖面图。图中难以分辨剖切到的部位以及从剖切面之外的立面图上能看到哪些图面内容。

• 这幅图使用线条深浅的变化传达空间的深度感。

• 最粗的线条表示被剖切到的元素形体的轮廓。注意这些轮廓线总是连续的；它们不会和其他剖切线相交或以较细的线条终止。

• 中等宽度的线条表示从剖切面之外的立面图上能看到哪些元素。距离剖切面越远，轮廓线应该越细。

• 最细的线条代表表面线。这些线条不能指示任何外形的变化。它们只代表视觉上的图案、墙面及其他与绘图平面平行的垂直表面的肌理。

• 绘制建筑剖面图时，不需要涵盖地面以下的基础和底座的构造细部。如果绘制的话，它们是周围土体的一部分，需用细线条表示。

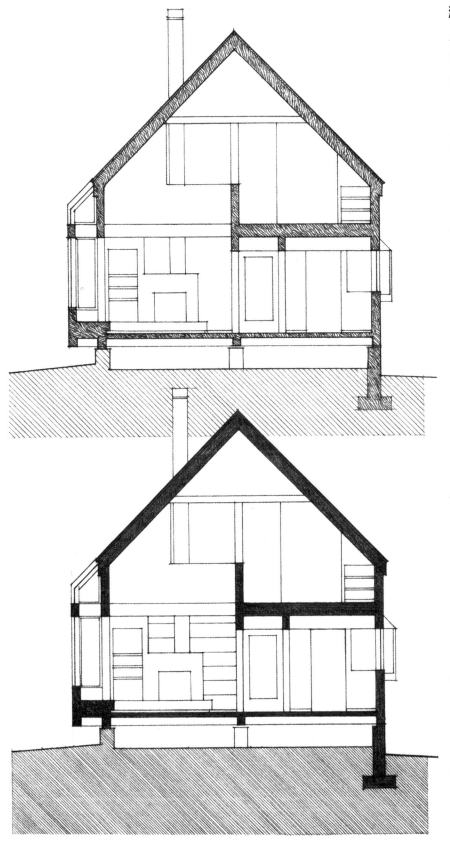

涂黑和空间深度 Poché and Spatial Depth

为了清楚地建立实体与虚空之间的图—底关系，我们通过色调和涂黑实现建筑剖面图中的空间领域对比，强调剖切到的元素的形状。

- 在小比例尺的建筑剖面图中，我们通常会将剖切到的楼板、墙体和屋顶元素涂黑。

- 当期望得到一个与绘图区域呈中等程度对比的剖面图时，可以使用一个中等灰度的色调来表示剖切到的形体元素的形状。这一点在大比例尺的剖面图中是非常重要的，因为大面积的涂黑会带来视觉上的沉重感，并且对比太过生硬。

- 如果竖直的元素，例如墙体图案和质地纹理赋予了绘图区域一个色调，那么为了制造实体与虚空之间期望的对比度，运用深灰色或黑色调可能是必要的。在这种色调体系中，随着元素在深度方向上的后退，使用逐渐浅淡的色调来表示。

- 记住，在建筑和场地剖面图中，支撑性的土体也是被剖切到的。这部分区域和其他剖切到的元素使用相同的色调。

- 如果想在剖面图中展示建筑的基础结构，我们应该仔细地把地下的这部分基础描绘成周围土壤不可或缺的部分。

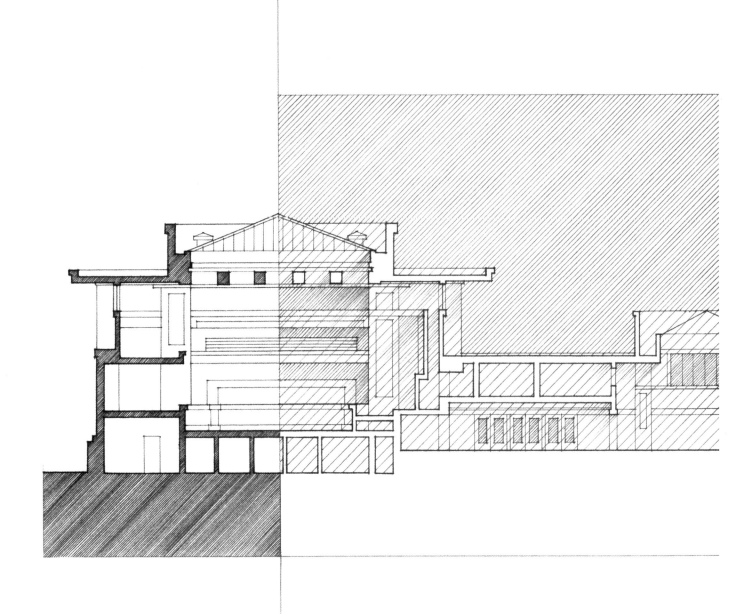

• 这张剖面图显示了如何给剖切到的元素赋予色调以增强它们与从剖切面之外的立面图上能看到的元素之间的对比。

• 这张图反映了通过调和立面图中看到的元素和画面中背景的颜色，如何使色调体系能够被颠倒过来。在这种颠倒的案例中，剖切到的部分可以留白或采用一个相当浅的颜色，以此与绘图区域形成对比。

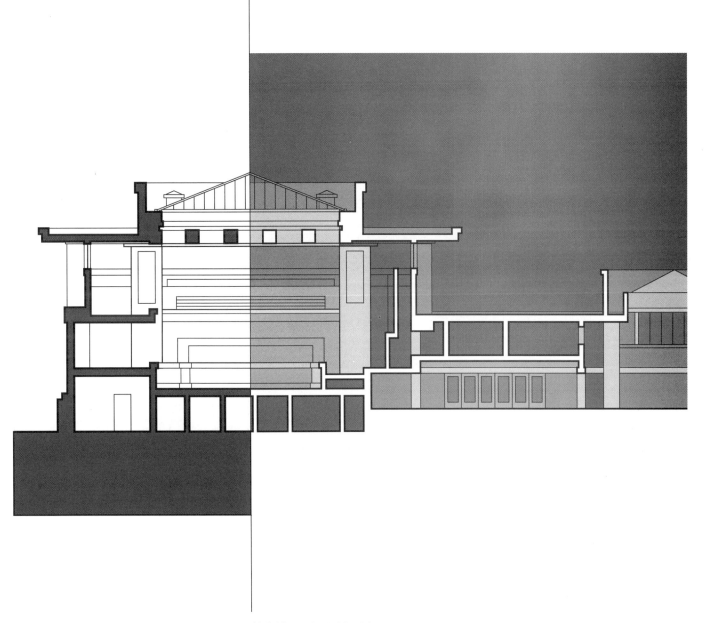

数字涂黑 Digital Poché

当手绘或使用CAD软件绘制建筑剖面图时，应避免使用色彩、纹理与图案，以免造成剖面图过于花哨。剖面图的重点应该放在清楚地阐明剖切面和剖切面之外的诸个元素之间的相对深度上。

• 这两幅图是使用绘图软件绘制的建筑剖面图。上面这幅建筑剖面图使用了基于矢量的绘图程序，而下面这幅图使用光栅影像传递了场地特征，构成了一个与白色剖切面形成对比的背景。

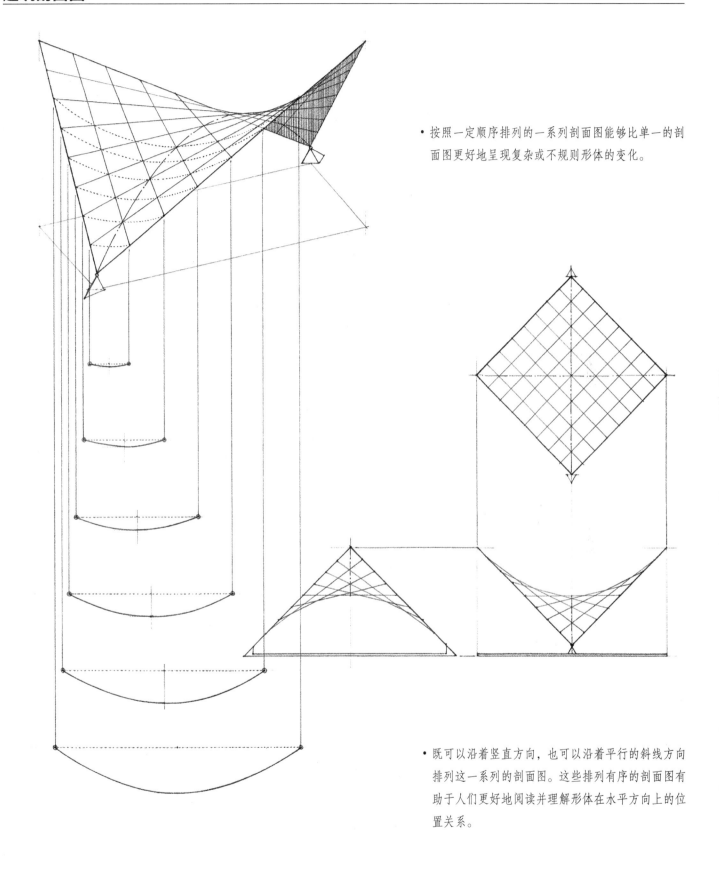

• 按照一定顺序排列的一系列剖面图能够比单一的剖面图更好地呈现复杂或不规则形体的变化。

• 既可以沿着竖直方向，也可以沿着平行的斜线方向排列这一系列的剖面图。这些排列有序的剖面图有助于人们更好地阅读并理解形体在水平方向上的位置关系。

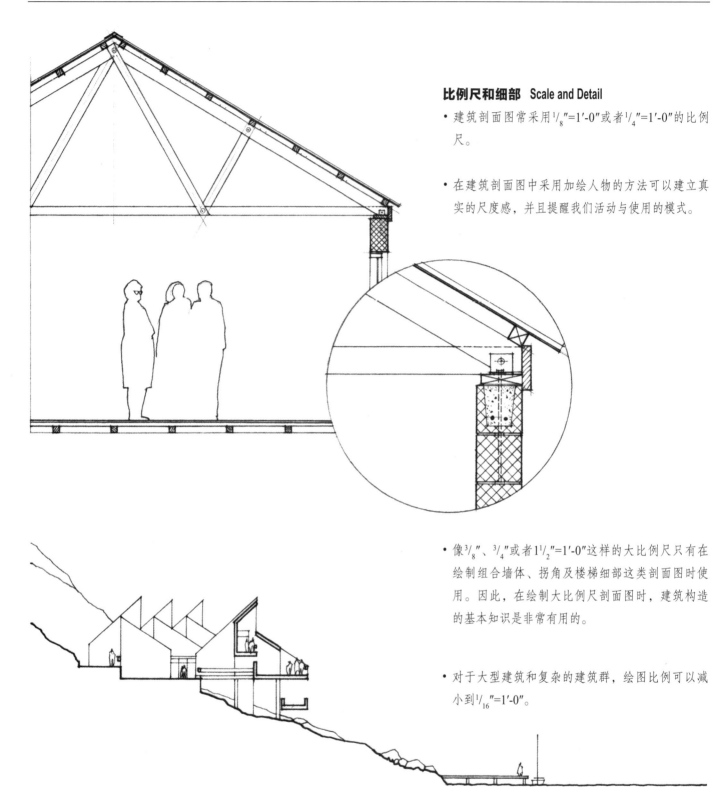

比例尺和细部 Scale and Detail

- 建筑剖面图常采用$1/8''=1'-0''$或者$1/4''=1'-0''$的比例尺。

- 在建筑剖面图中采用加绘人物的方法可以建立真实的尺度感，并且提醒我们活动与使用的模式。

- 像$3/8''$、$3/4''$或者$1\frac{1}{2}''=1'-0''$这样的大比例尺只有在绘制组合墙体、拐角及楼梯细部这类剖面图时使用。因此，在绘制大比例尺剖面图时，建筑构造的基本知识是非常有用的。

- 对于大型建筑和复杂的建筑群，绘图比例可以减小到$1/16''=1'-0''$。

建筑剖面图经常向外延拓从而囊括建筑场地与周边环境的背景。场地剖面图可以描述拟建建筑和周围地平面的关系，并且揭示该建筑是拟建在地面，还是悬浮在地面上或是埋在场地的地块内。另外，场地剖面图可以有效地表明一座建筑的室内空间与相邻室外空间的关系以及几栋建筑之间的关系。

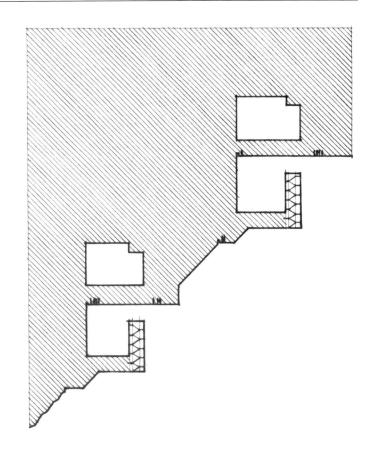

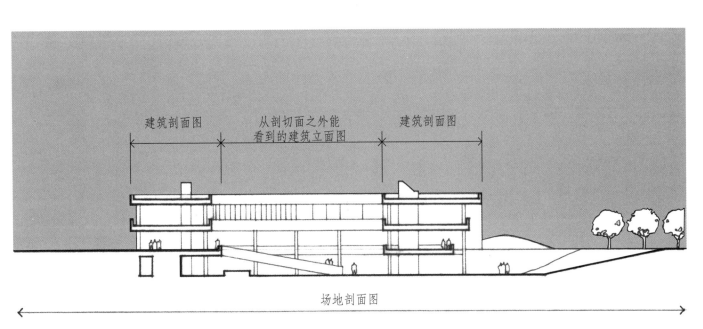

建筑剖面图　　从剖切面之外能　　建筑剖面图
　　　　　　　　看到的建筑立面图

场地剖面图

• 只要可能，建筑剖面图中应该包括相邻的建筑，可以是从同一个剖切面截切得到的剖面图或是从剖切面之外能看到的建筑立面图，这种方法特别适用于城市场地剖面图。

立面图是实体对象或构筑物在与其主要侧面平行的竖直平面上的正投影图。

与平面图不同，立面图是假想站在物体正前方观察物体，非常类似于我们日常生活中看到的物体外形。尽管竖直表面的立面影像比其他平面图或剖面图更接近真实的视觉效果，但它们不能像透视绘图那样提供空间的深度。当我们在立面图上绘制实体对象和表面时，必须依靠图形线索传达深度、弯曲度与倾斜度的信息。

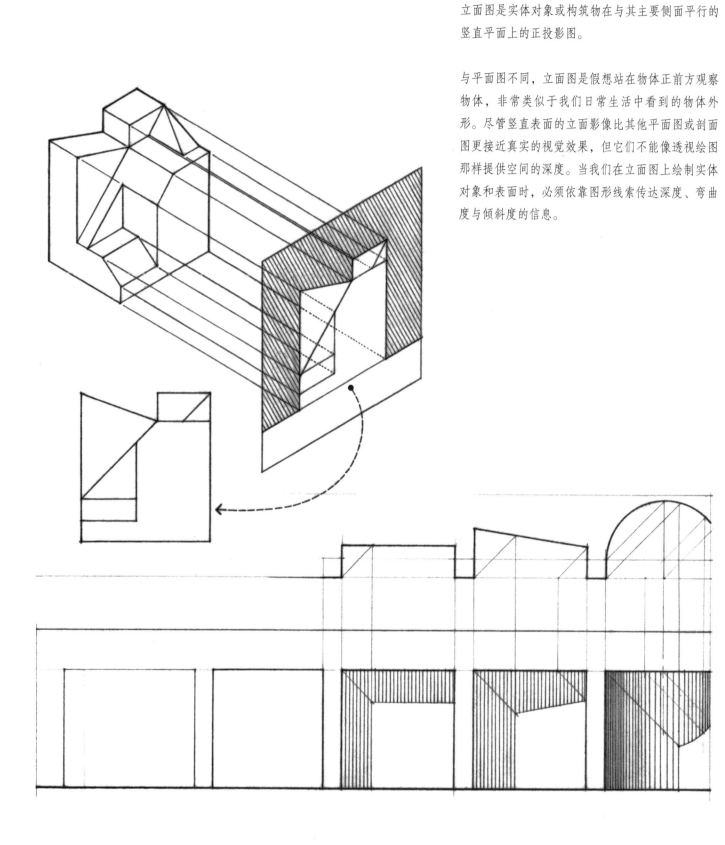

建筑立面图是建筑在一个竖直绘图平面上的正投影图。
建筑立面图表现了将建筑压扁到一个投影面上的外貌。
因此，建筑立面图强调的是平行于绘图平面的建筑外立
面的形状并勾勒出它在空间中的轮廓。在立面图中也可
以展现覆层材料的质地肌理和图案以及门窗洞口的位
置、类型和尺寸。

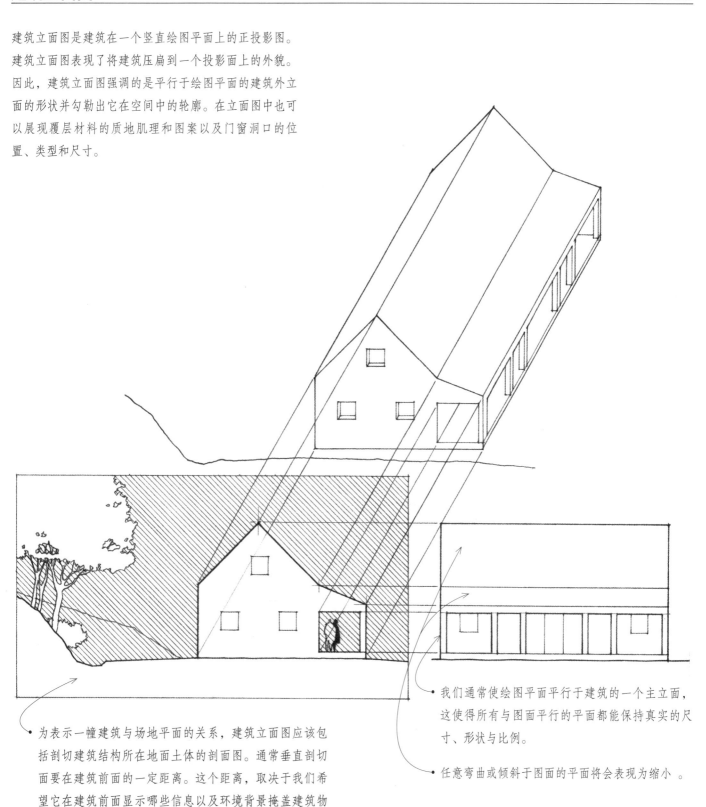

• 为表示一幢建筑与场地平面的关系，建筑立面图应该包
  括剖切建筑结构所在地面土体的剖面图。通常垂直剖切
  面要在建筑前面的一定距离。这个距离，取决于我们希
  望它在建筑前面显示哪些信息以及环境背景掩盖建筑物
  的形状和样式特征的程度。

• 我们通常使绘图平面平行于建筑的一个主立面，
  这使得所有与图面平行的平面都能保持真实的尺
  寸、形状与比例。

• 任意弯曲或倾斜于图面的平面将会表现为缩小。

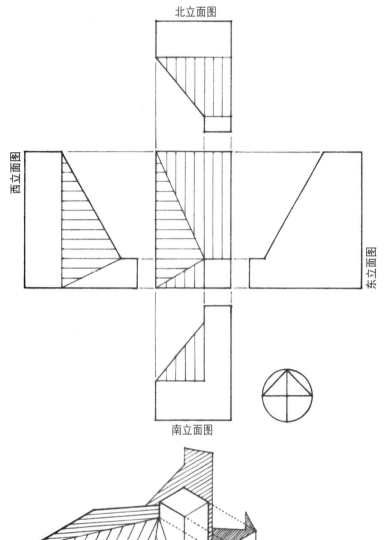

北立面图

西立面图

东立面图

南立面图

排列与朝向 Arrangement and Orientation

把带有建筑投影的竖直绘图平面一个接一个地展开，便可以生成一系列彼此关联的建筑立面图。我们可以把这些绘图水平排列，或将其围绕着一个共同的平面图形成一个组合绘图。

- 可能的话，我们应把相关的正投影图对齐排列起来，从而使点和尺寸能够方便地在视景中转换。这种关联不仅能使建筑图的绘制更加简便，而且将它们结合为具有共同信息的一套图纸，能够被更好地理解。例如，一旦绘制完成了平面图，我们能高效地把绘图面上水平方向的长度尺寸竖直地转移到下面的立面图上。类似的，我们可以把垂直方向的高度尺寸在绘图面上水平地在两个立面图之间或更多相邻的立面图间转化。

在建筑制图中，当研究并表达太阳和其他气象参数对建筑设计的影响时，建筑相对于指北针的指向是重点考虑的事情。因此，我们常根据建筑立面的朝向命名立面图，例如，北立面图指的是这个立面朝向北。如果建筑朝向与指北针的方向夹角小于45°，我们仍将其看作是朝北的，这样可以避免繁冗的图名。

- 当一个建筑物位于场地中的特殊或重要位置时，我们可以根据这个特征命名立面图。例如，主临街立面图指的是朝向主干路的立面图，又例如临湖立面图指的是从湖的方向看过去的立面图。

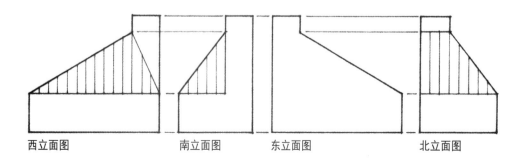

西立面图　　　　南立面图　　　　东立面图　　　　北立面图

比例尺和细部 Scale and Detail

我们通常使用与建筑平面图相同的比例尺——$\frac{1}{8}''=1'-0''$
或者$\frac{1}{4}''=1'-0''$绘制建筑立面图。对于大体量建筑或复杂
的建筑群我们可以使用更小的比例尺。

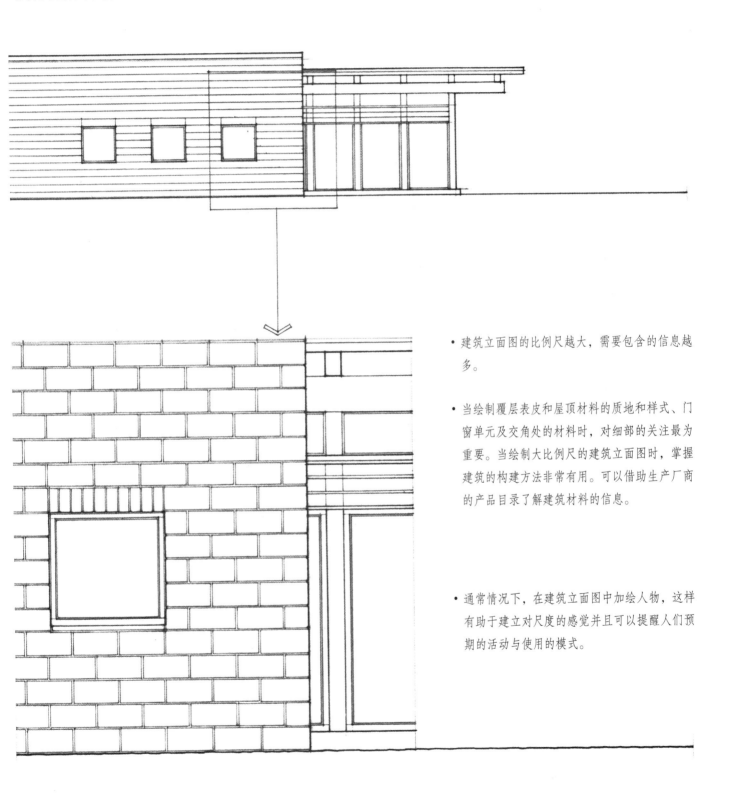

- 建筑立面图的比例尺越大，需要包含的信息越
  多。

- 当绘制覆层表皮和屋顶材料的质地和样式、门
  窗单元及交角处的材料时，对细部的关注最为
  重要。当绘制大比例尺的建筑立面图时，掌握
  建筑的构建方法非常有用。可以借助生产厂商
  的产品目录了解建筑材料的信息。

- 通常情况下，在建筑立面图中加绘人物，这样
  有助于建立对尺度的感觉并且可以提醒人们预
  期的活动与使用的模式。

表现材料 Representing Materials

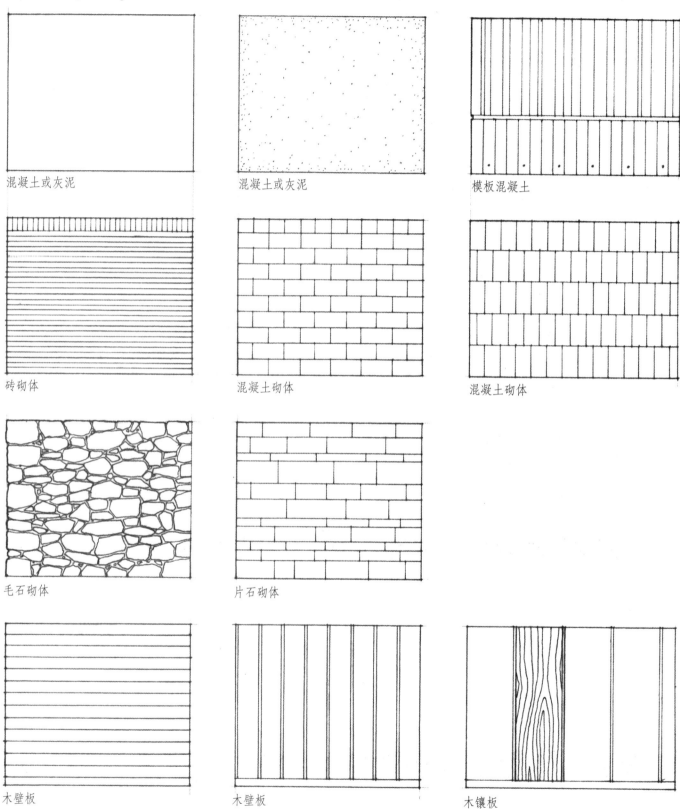

混凝土或灰泥 混凝土或灰泥 模板混凝土

砖砌体 混凝土砌体 混凝土砌体

毛石砌体 片石砌体

木壁板 木壁板 木镶板

木板屋顶

金属屋顶

窗的设计样式

门的设计样式

空间深度提示 Spatial Depth Cues

在正投影图中，不论距离绘图平面多远，线或面都保持相同的尺寸。因此，我们必须使用不同的线宽或不同的色调来表示深度的感觉。这种表现方法的使用要根据建筑立面图的比例尺、绘图媒介以及描绘材料纹理和图案的技法来确定。

在线条图中，可分辨的不同线宽有助于揭示平面的相对深度。

- 这是一张使用单一线宽的线条绘制的建筑立面图。

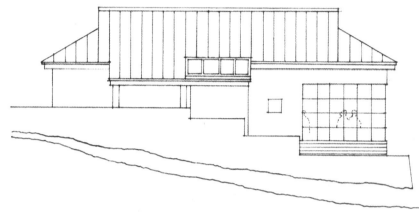

- 这张图使用了有层次的线宽表现深度。

- 最粗的线描画了建筑前面截切土体的剖面图。这条地面线延伸并超出建筑的范围，从而描绘了场地的自然地形。

- 略粗些的线表示了最靠近投影面的平面的轮廓。

- 用更加细浅的线条表示逐渐远离绘图平面的元素。

- 最细的线表示表面线。这些线并不表示形状上的任何变化，它们只是代表表面的视觉图案或质地肌理。

在一幅建筑立面图中，我们设法确定三个图像区域：在剖切面和建筑立面之间的前景空间；建筑自身所占据的中间区域；天空、景观或者远离建筑的其他结构构成的背景。

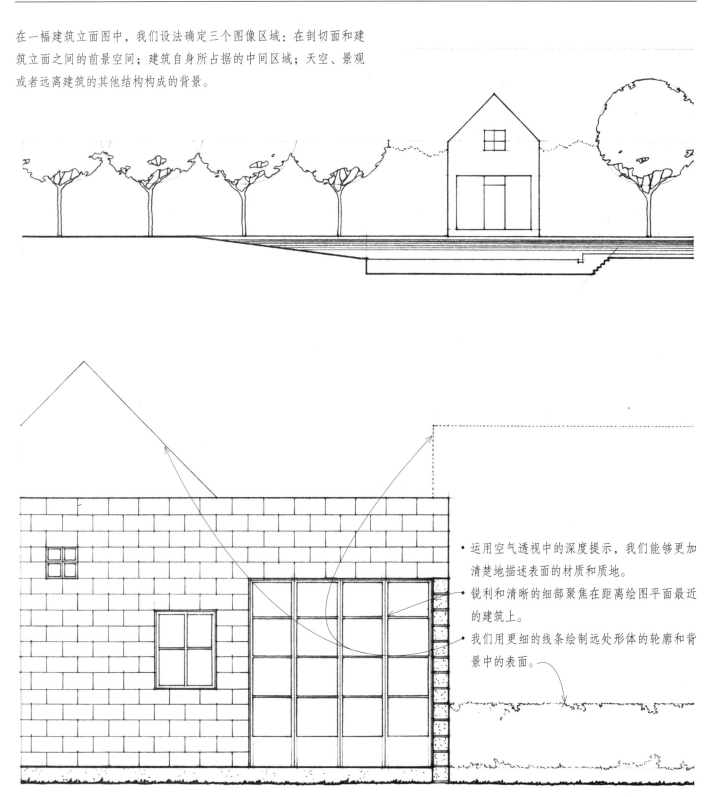

• 运用空气透视中的深度提示，我们能够更加清楚地描述表面的材质和质地。

• 锐利和清晰的细部聚焦在距离绘图平面最近的建筑上。

• 我们用更细的线条绘制远处形体的轮廓和背景中的表面。

空间深度提示 Spatial Depth Cues

前两页的例子说明在绘制建筑立面图时使用多种线宽和细部表达空间的深度感。本页的系列图以一种更加独立和抽象的方式说明了在任意正投影图中视觉提示如何加强深度感。

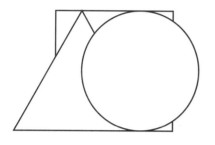 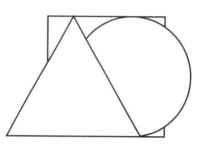

- 轮廓的连贯：当一个形体具有连续的轮廓并且打断了其他形体的轮廓，这时我们倾向于感觉这个形体处于其他形体的前面。由于这种视觉现象的形成依赖于近的物体遮挡或凸出于远处的物体，所以我们经常仅仅在交叠的情况下使用这种方式提示深度。

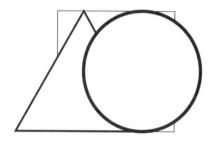 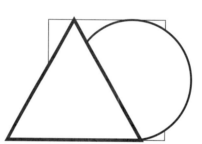

- 图形的交叠产生了相对浅薄的空间距离。然而，如果把交叠方式与其他提示空间深度的方法结合起来，例如在纯线条图中采用不同的线宽，我们可以获得更加强烈的空间插入感与深度感。又深又粗的轮廓线条凸显于浅而细的轮廓线前面。

- 空气透视[译注]：随着物体与观察者的距离渐远，色彩、色调和对比度逐渐减弱。在我们的视野中，靠近前景的物体通常使用饱和度高的颜色以及对比鲜明锐利的色调。当物体相对远离时，它们的颜色变得更加轻淡，色调对比也趋于消散衰减。背景中的主要形体使用灰色系和柔和的色调表示。

[译注] 空气透视，是表现画面空间深度的重要手段。产生空气透视的原因主要是由于空气中存在烟雾、尘埃、水气等介质，这些介质对光线有扩散作用，其中蓝色光（其短波光线）更容易被扩散。因此，本来无色透明的大气被染成了淡蓝色，这就是产生大气透视现象的原因。距离越远，介质越厚，扩散光线作用越强，空气透视现象越显著。

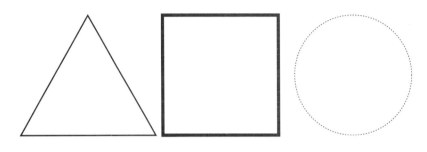

- 模糊的透视画法：深度暗示的方法反映了一个事实，我们的视线通常将清晰的近景与模糊的远景结合起来。模糊透视这种画法是用逐渐缩小或发散的边界和轮廓表示比较远的物体。我们既可以使用浅的线条，也可以使用虚线或点线表示这些存在于远离绘图平面焦点的形体形状和轮廓。

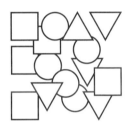 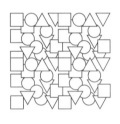 

- 纹理透视：随着形体向远处移动，表面纹理的密度逐渐增加。表达纹理透视这种视觉现象的图形方法包括逐渐缩小描绘表面纹理和图案几何元素的尺寸和间隔——不管这些元素是点或线，还是色块。图案经过前景中可识别的图形单元到中景所描绘的有纹理的图案，最后到背景中表现为渲染色调。

- 光影：任何亮度的突出变化都会刺激人们感知从背景面中脱颖而出的属于插入空间的边界或轮廓。这种深度提示意味着重叠形状的存在以及色调对比的运用。更多关于建筑制图中色调运用的内容参见第7章。

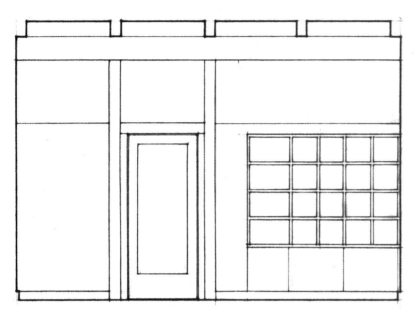

室内立面图是建筑中重要内墙体的正投影图。虽然室内立面图通常包含在建筑剖面图中，但也可以独立出来加以研究并呈现高清晰的空间细部，例如厨房、浴室和楼梯。在室内立面图中，我们强调的是内墙面的边界线，而不是压缩的剖切面。

• 我们通常使用与建筑平面图相同的比例尺——$\frac{1}{8}''=1'-0''$或是$\frac{1}{4}''=1'-0''$绘制室内立面图。为了显示更多的细部，我们可以使用$\frac{3}{8}''$或$\frac{1}{2}''=1'-0''$的比例尺。

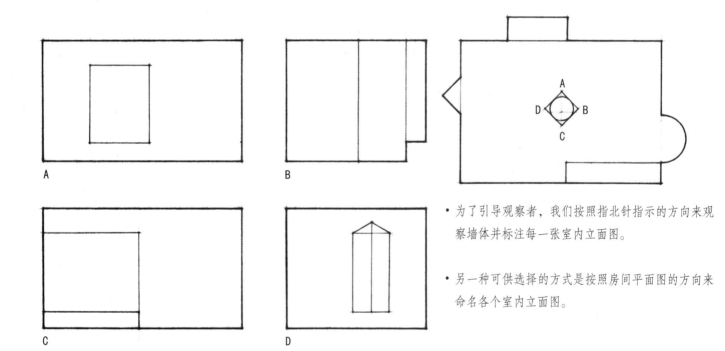

• 为了引导观察者，我们按照指北针指示的方向来观察墙体并标注每一张室内立面图。

• 另一种可供选择的方式是按照房间平面图的方向来命名各个室内立面图。

5 轴测绘图

Paraline Drawings

轴测绘图包括属于正投影体系的轴测投影图——正等测轴测投影图、正二测轴测投影图、正三测轴测投影图以及所有类型的斜轴测投影图。每种轴测投影图都呈现了不同的观察视角并且强调了所绘形体对象的不同方面。作为一个绘图的"大家庭",这些轴测绘图融合了多视点绘图的精准测量度、可测量性以及直线透视图的图面特性。由于轴测图的图面特性以及相对简单的绘制,轴测绘图适用于建筑设计初期在三维角度中图解设计构思。它们能够把平面图、立面图和剖面图融合到一个视图中,并且能够图解形体的三维样式和空间构成。轴测绘图的一部分可以被分离开来或视做透明的,这样可以看到内部或是穿透物体看到后面的形体,或者进一步展现整体各组成部分之间的空间关系。有的时候,轴测绘图甚至可以作为替代鸟瞰透视图的视图。

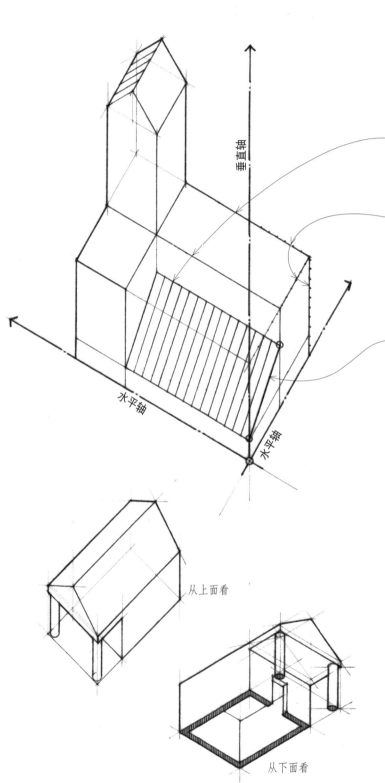

垂直轴

水平轴

水平轴

从上面看

从下面看

轴测绘图把一个形体的三维特性或者空间关系表达在单一图像上。因此，为了和有多个视角并且彼此相关联的平面图、剖面图和立面图相区别，轴测绘图经常被称做"单一视角绘图"（single-view drawing）。轴测绘图根据下面介绍的图面特性区别于其他种类的单一视角绘图和直线透视图。

• 无论朝向如何，物体上彼此平行的直线在轴测视图中保持平行；它们不像在直线透视图中那样要汇聚于灭点。

• 平行于三个主轴方向的直线沿着轴向测量长度，并按照统一的比例尺绘制。轴向线条自然地形成了一个矩形的网格状坐标，我们可以使用这个矩形网格定位三维空间中的任意点。

• 非轴向的线条指的是不平行于三个主轴中任意轴的线条。我们不能沿着这些非轴向的线条度量尺寸，也不能按比例尺绘制这些线条。在绘制非轴向线条时，我们必须首先运用轴向测量方法确定这些线的端点，然后把这些端点连接起来。由于物体上的平行线在轴测绘图中保持平行，所以一旦确定了一条非轴向线，我们就可以绘制与之平行的任意非轴向线。

• 轴测绘图既可以呈现一个从上向下观察形体或场景的俯视图，也可以呈现从下向上观察的仰视图。但轴测绘图缺少视平线的视角，也缺乏直线透视图的生动性。它们表现我们所理解的形体而非我们如何看到形体，它们描述的客观真实形体比视网膜成像的直线透视图更接近于我们想象中的画面。

轴测绘图有几种类型,每种类型都是按照它们形成的投影方法命名的。本章讲解建筑制图中最常用的两种轴测绘图:正等测轴测投影图和斜轴测投影图。

正等测轴测投影图和斜轴测投影图的相同点:

- 物体上的所有平行直线在轴测图中仍保持平行。
- 所有与主轴x、y、z轴相平行的直线能够加以测量并按比例绘制。

斜轴测投影得到的轴测投影图与正投影得到的正等测轴测投影图是不同的。我们可以轻松构建一个斜轴测投影图,这具有很大的吸引力。如果我们把形体对象主要的面平行于绘图平面,那么这个面保持实形,并且我们能更简便地绘制这个面的投影。因此,斜轴测投影用于绘制有曲面、不规则平面或者复杂平面的形体时是非常方便的。

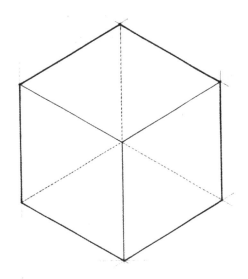

正等测轴测投影图　Isometric Drawings

- 三组主要的平面都同等重要。
- 视角比水平斜轴测投影图稍微低一些。
- 平面图和立面图不能用来当做基础图。

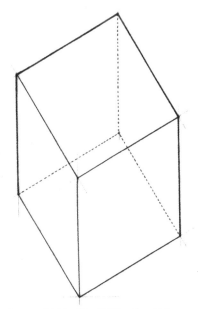

水平面斜轴测投影图　Plan Obliques

- 需强调的主水平面平行于绘图平面,并以真实的尺寸、形状和比例加以表现。
- 水平投影图可以用来当做基础图,当水平面具有圆形或复杂形状的时候这种绘图具有鲜明的优势。
- 水平面斜轴测投影图的视角比正等测轴测投影图的视角高。

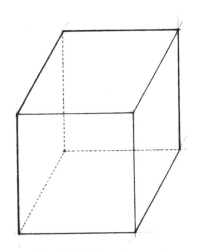

立面斜轴测投影图　Elevation Obliques

- 强调平行于绘图平面的主垂直面,并以真实的尺寸、形状和比例加以表现。其他垂直面和主水平面均被压缩。
- 一个立面可以用来当做基础图。这个视角应该是物体对象或建筑物上最长、最重要或最复杂的侧面。

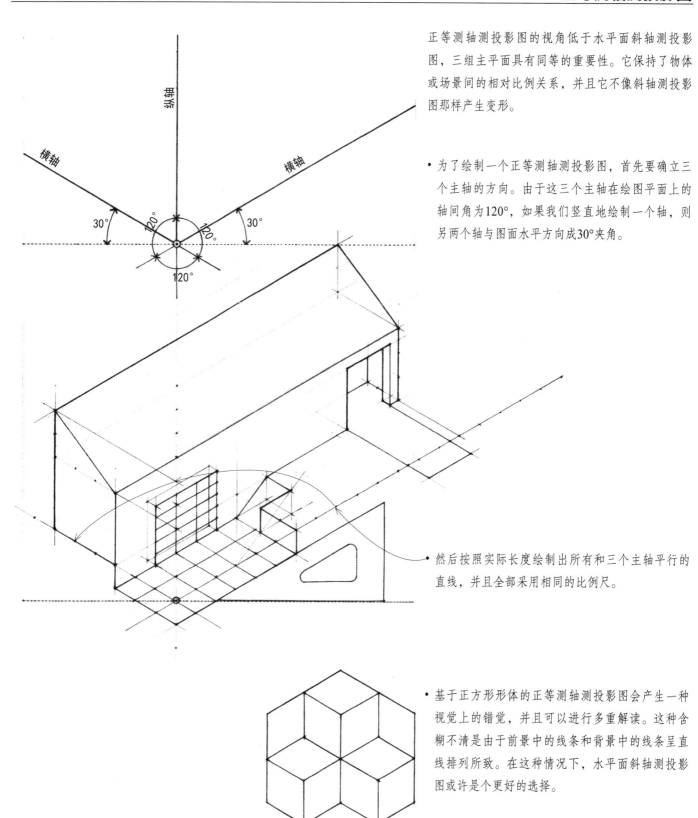

正等测轴测投影图的视角低于水平面斜轴测投影图，三组主平面具有同等的重要性。它保持了物体或场景间的相对比例关系，并且它不像斜轴测投影图那样产生变形。

• 为了绘制一个正等测轴测投影图，首先要确立三个主轴的方向。由于这三个主轴在绘图平面上的轴间角为120°，如果我们竖直地绘制一个轴，则另两个轴与图面水平方向成30°夹角。

• 然后按照实际长度绘制出所有和三个主轴平行的直线，并且全部采用相同的比例尺。

• 基于正方形形体的正等测轴测投影图会产生一种视觉上的错觉，并且可以进行多重解读。这种含糊不清是由于前景中的线条和背景中的线条呈直线排列所致。在这种情况下，水平面斜轴测投影图或许是个更好的选择。

水平面斜轴测投影图的视角比正等测轴测投影图的视角高，这种绘图通过揭示一组水平面的真实尺寸、形状和比例来强调这些水平面。

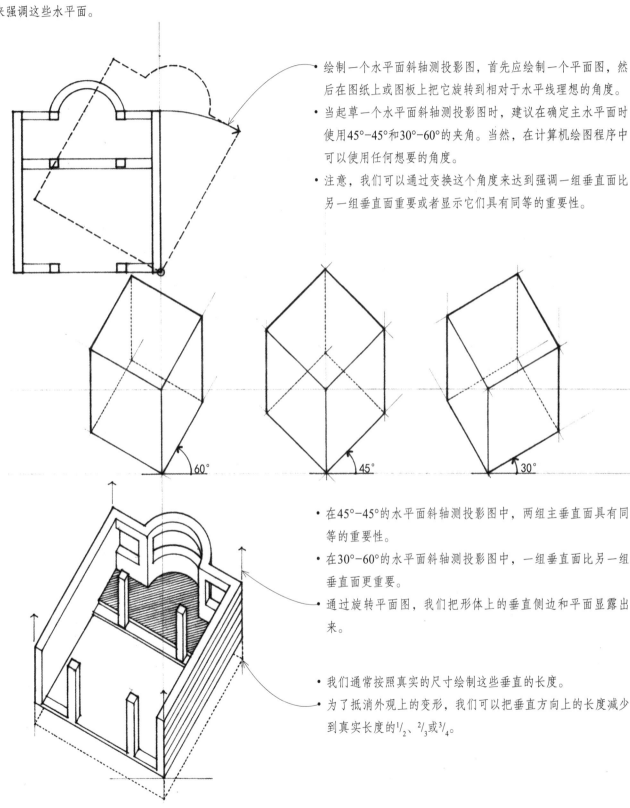

- 绘制一个水平面斜轴测投影图，首先应绘制一个平面图，然后在图纸上或图板上把它旋转到相对于水平线理想的角度。
- 当起草一个水平面斜轴测投影图时，建议在确定主水平面时使用45°-45°和30°-60°的夹角。当然，在计算机绘图程序中可以使用任何想要的角度。
- 注意，我们可以通过变换这个角度来达到强调一组垂直面比另一组垂直面重要或者显示它们具有同等的重要性。

60° 45° 30°

- 在45°-45°的水平面斜轴测投影图中，两组主垂直面具有同等的重要性。
- 在30°-60°的水平面斜轴测投影图中，一组垂直面比另一组垂直面更重要。
- 通过旋转平面图，我们把形体上的垂直侧边和平面显露出来。

- 我们通常按照真实的尺寸绘制这些垂直的长度。
- 为了抵消外观上的变形，我们可以把垂直方向上的长度减少到真实长度的 $1/2$、$2/3$ 或 $3/4$。

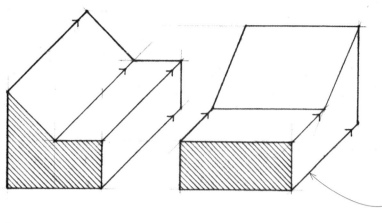

立面斜轴测投影图使主立面或一组垂直面与绘图平面平行，从而展现这些面的真实尺寸、形状和比例。

- 绘制一个立面斜轴测投影图，首先应该绘制形体上主要表面的立面投影图。这个平面应该是形体上最大、最重要或者最复杂的平面。
- 然后，从立面投影图上的关键点以理想的角度向绘图平面深处绘制后退线。

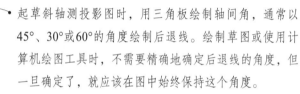

- 起草斜轴测投影图时，用三角板绘制轴间角，通常以45°、30°或60°的角度绘制后退线。绘制草图或使用计算机绘图工具时，不需要精确地确定后退线的角度，但一旦确定了，就应该在图中始终保持这个角度。
- 记住，我们使用的后退线角度会影响形体后退面的外观大小和形状。通过改变这个角度，能够表现水平和垂直的后退面不同程度的重要性。在任何情况下，首先要强调的始终是与绘图平面平行的垂直面。

- 为了抵消外观上的变形，我们可以将后退线缩短为真实长度的$\frac{1}{2}$、$\frac{2}{3}$或者$\frac{3}{4}$。

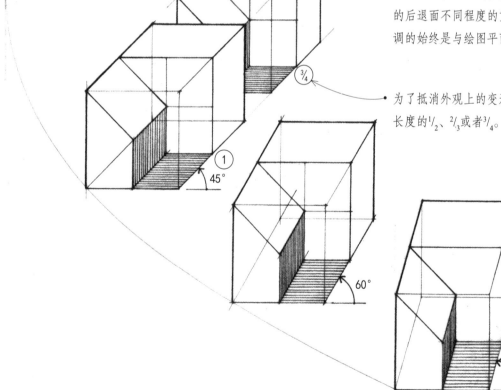

绘制完整的轴测投影图有三种基本方法。当构建并表现一
个轴测投影图时，记住，如果空间中的竖直线在绘图面上
依旧保持竖直，那么这样的轴测投影图是最便于解读的。

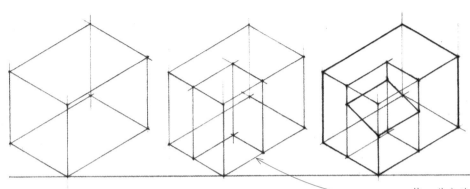

第一种方法是减法，适用于相对简单的形体。这种方
法是首先建立形似透明矩形盒子的轴测图，把全部形
体都纳入这个盒子，然后使用减法移除不要的部分，
展现形体。

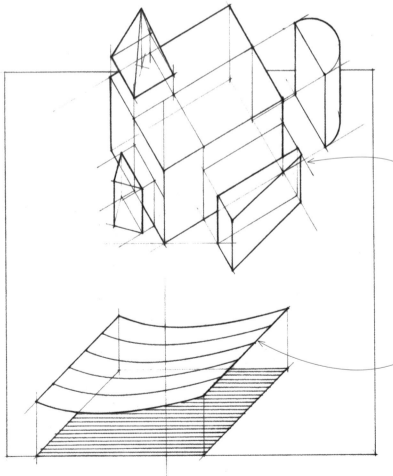

第二种方法的过程与减法正好相反，它适用于由独立
形体构成的组合体。首先绘制主要形体的轴测投影
图，然后加绘附属形体的轴测投影图。

第三种方法适用于不规则的形体。首先绘制形体一个
水平面的轴测投影图或垂直剖切面的轮廓图，然后垂
直地拉起形体或者向绘图面深处延伸形体。

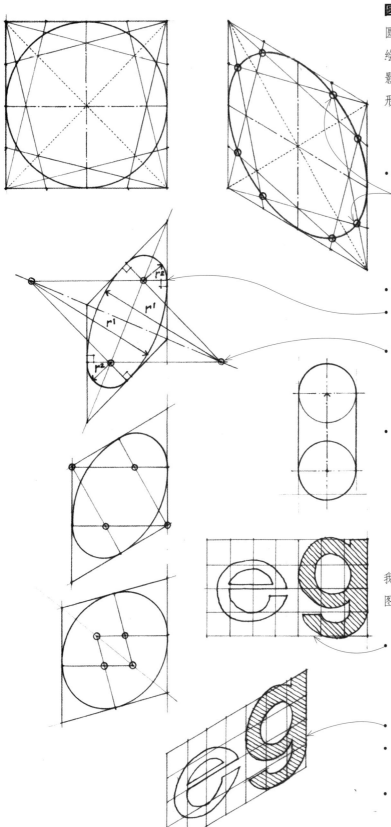

圆形和任意形状　Circles and Freeform Shapes

圆形向绘图平面斜投影后都表现为椭圆。在轴测投影图中绘制这样一个圆形，首先应绘制圆的外切正方形的轴测投影，然后可以使用以下两种方法当中的一种绘制外切正方形内的圆形。

- 第一种是近似的方法。四等分这个正方形，绘制每个顶角和对边$1/4$分点的连线，这样可以确定圆周上的8个点。

- 四心圆法使用两组半径和一个圆规或圆形模板。
- 从轴测图上正方形的边的中点，做垂线并延长使两条垂线相交。
- 以这四个交点为圆心，r^1、r^2为半径，在两条垂线的端点之间绘制两对相等的圆弧。

- 通常情况下，绘制圆或任意形状的轴测投影图时，水平面斜轴测投影图比正等测轴测投影图要方便得多，因为能将水平面自身作为基础图，同时水平形状保持实形。

我们可以使用一个网格把曲线或任意形状的图形由正投影图转换成轴测投影图。

- 首先，我们可以针对形状的平面图或立面图构建一个网格。网格可以是统一的，或者根据图形上的关键点建立。图形越复杂，网格就越密。

- 然后，我们在轴测投影图中建立同样的网格。
- 接下来，我们找到网格和任意图形的交点，并在轴测投影图中绘制出这些点的坐标。
- 最后，在轴测投影图中连接这些点。

空间深度提示　Spatial Depth Cues

我们可以用不同等级的线宽来区分空间的边缘、平面的
转角以及表面的线条，从而加深轴测投影图中的空间深
度感。

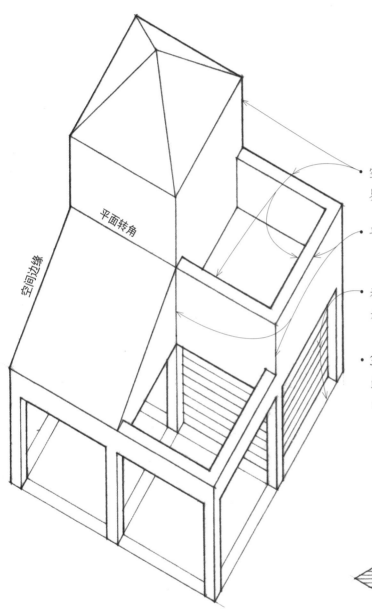

空间边缘

平面转角

● 空间边缘是由插入的平面将形体从背景中分离开来的边
界。

● 平面的转角是两个或更多可见平面的交线。

● 表面线所代表的这些线条不代表形体形状的改变，只表
示颜色、色调或材质上的对比。

● 3D建模程序绘制的直线被看作是多边形连续的边。因
此，如果不事先把图形转换到二维绘图环境，在3D模型
中给直线确定不同粗细等级的线宽是件困难的事。

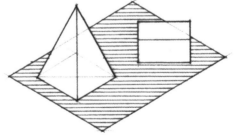

● 为了在空间中分离平面，我们可以使用对比强烈的纹理
和图案来表明这些平面的不同方向，特别是区分水平面
和垂直面。

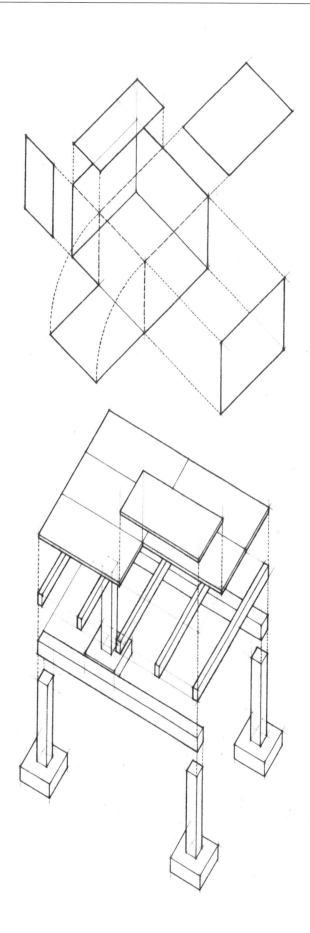

虽然轴测绘图总是以俯瞰或仰视来观察物体，但我们可以以任意方式构建轴测视图，来展现一项设计中比外形和结构更为丰富的内容。这种表现手法使我们可以看到一个空间组合体的内部或者隐藏在复杂形体背后的部分。我们把这些表现技法称为"展开图"（expanded views）、"剖切图"（cutaway views）、"透明内视图"（phantom views）和"连续视图"（sequential views）。

展开图 Expanded Views

为了绘制展开图或分解图（exploded view），我们仅仅是把轴测绘图中的一部分转移到空间中的新位置。绘制的完成图类似于在爆炸中的某一时刻凝固了的形体，此时形体各部分的相互关系最为清晰明了。

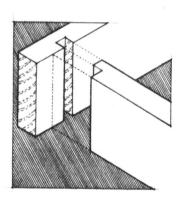

- 在描述细节、分层或构造整体的组成顺序时，展开图是非常有用的。记住，像其他种类的绘图一样，轴测绘图的比例尺越大，就需要表达更多的细节。
- 在一个大比例的图中，展开图能有效地阐明多层建筑在垂直方向上的关系以及空间内水平方向上的联系。

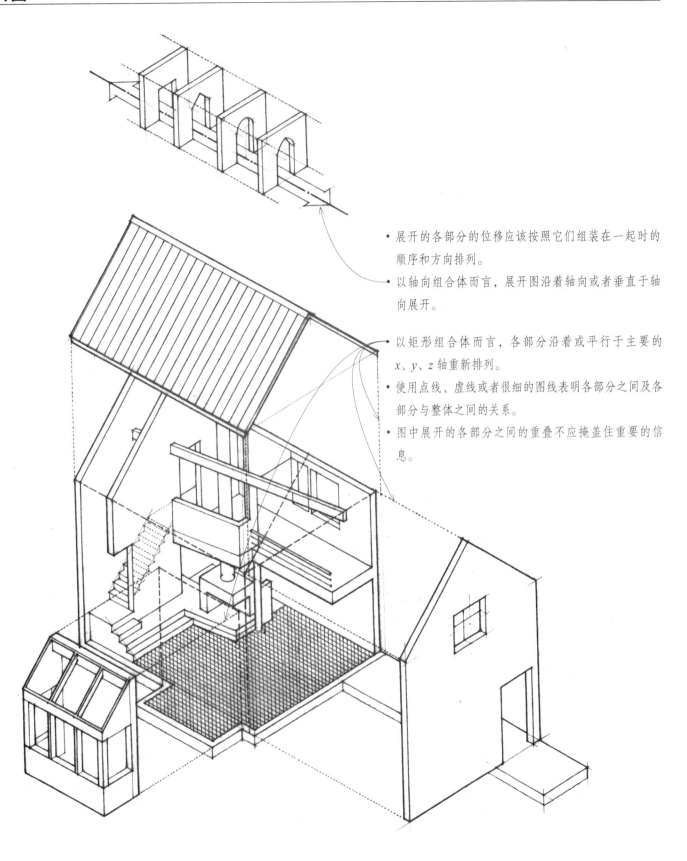

· 展开的各部分的位移应该按照它们组装在一起时的顺序和方向排列。

· 以轴向组合体而言，展开图沿着轴向或者垂直于轴向展开。

· 以矩形组合体而言，各部分沿着或平行于主要的 x、y、z 轴重新排列。

· 使用点线、虚线或者很细的图线表明各部分之间及各部分与整体之间的关系。

· 图中展开的各部分之间的重叠不应掩盖住重要的信息。

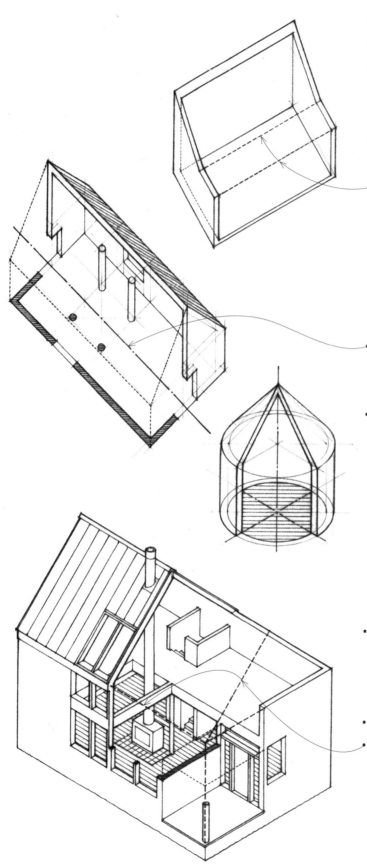

剖切图是把形体外部的一块或一层移走，从而揭示形体内部空间或内部构造的图样。这种视图能有效表明形体的内部与外部环境之间的关系。

- 创建剖切图最简单的一个方法是移走一个组合体或构筑物的外层或边界层。
- 例如，移走屋顶、天花板或外墙，这样我们就能向下看到形体的内部空间。移走楼板可以使我们看到上部空间。

- 我们可以把组合体从中央切开，移走大部分。当一个组合体是左右对称的，我们可以沿中轴线把形体切开，显现出移走部分的占地面积或平面图。
- 一种相似的创建剖切图的方式是，在旋转对称的组合体中，我们可以沿着中心剖切并且移走$1/4$或类似于馅饼形状的一部分。

- 为了表现一个更加复杂的组合体，剖切动作可能要沿着一个三维的路径。在这种情况下，剖切的轨道应该表明建筑物的全部组成特性以及内部空间的组织与排列。
- 切口应该用不同的线宽或色调的对比来清楚地显示。
- 在剖切图中即使一部分被移走了，我们仍然可以使用点线、虚线或细线表示它们的外部边界，从而把它们保留在图中。这种在剖切图中表示移走形体外形的方式，可以帮助阅读者维持对建筑整体的感觉。

透明内视图是将形体的一部分或多部分绘为透明的，使我们
能够看到被掩藏的形体内部信息的一种轴测绘图。运用这种
方法我们不必移走形体的任何边界层或包裹元素就可以有效
揭示内部空间或构筑物。因此，我们能够同时看到整个组合
体以及它的内部结构与排布。

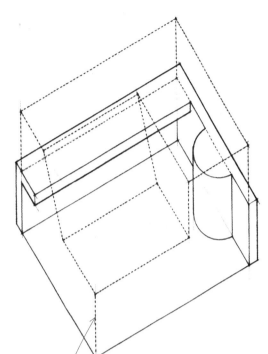

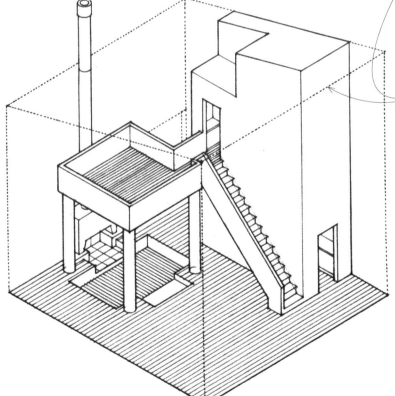

- 假想线是一条虚线，它由两条短虚线或点
  线分开的一系列长线组成。
- 实际操作中，假想线也可以由虚线、点
  线，甚至很细的图线组成。
- 为了生动地描绘形体，透明内视图还应该
  包括视为透明部分的厚度和体积。

- 加利福尼亚州，海洋牧场（Sea Ranch），公寓5号单元（Condominium Unit No. 5），1963—1965年
  摩尔，林顿，特恩布尔与惠特克事务所（MLTW，Moore, Lyndon, Turnbull, Whitaker）

二维绘图和三维计算机辅助设计或建模程序中的组群或图层功能使我们能够更加轻松地创建不同类型的轴测视图。通过将一个三维构筑物的要素组织在不同的组群或图层里，我们能够有选择性地控制它们的位置、可见性和外观，例如本页和下页的插图。

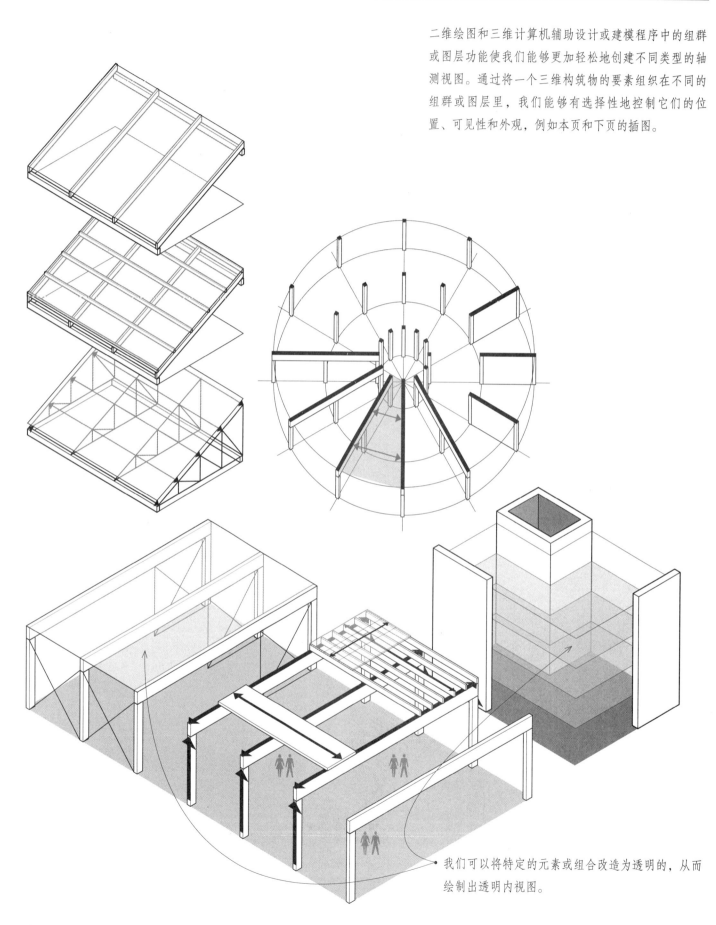

我们可以将特定的元素或组合改造为透明的，从而绘制出透明内视图。

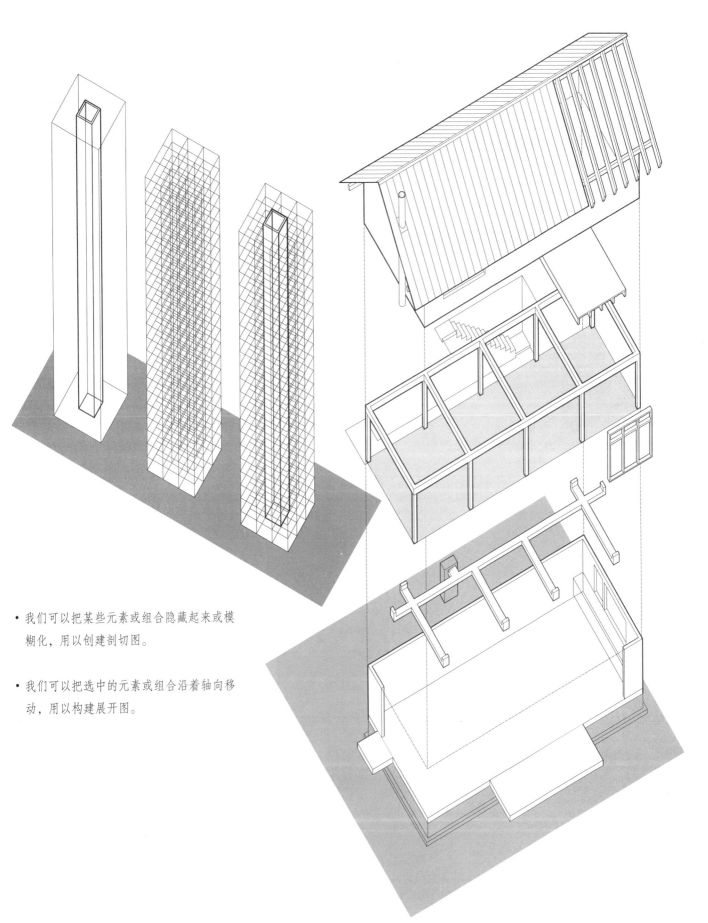

- 我们可以把某些元素或组合隐藏起来或模糊化，用以创建剖切图。

- 我们可以把选中的元素或组合沿着轴向移动，用以构建展开图。

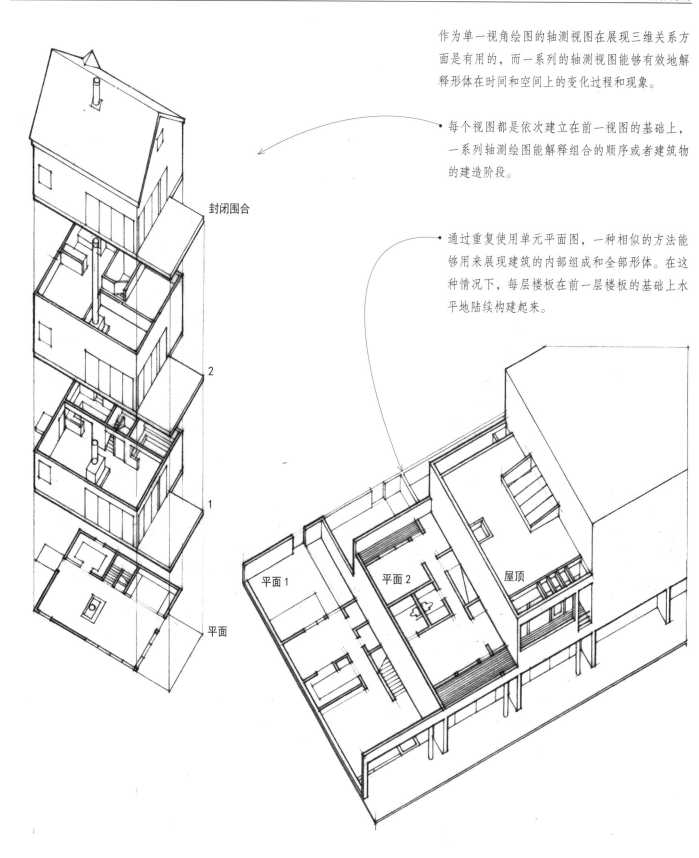

作为单一视角绘图的轴测视图在展现三维关系方面是有用的，而一系列的轴测视图能够有效地解释形体在时间和空间上的变化过程和现象。

- 每个视图都是依次建立在前一视图的基础上，一系列轴测绘图能解释组合的顺序或者建筑物的建造阶段。

- 通过重复使用单元平面图，一种相似的方法能够用来展现建筑的内部组成和全部形体。在这种情况下，每层楼板在前一层楼板的基础上水平地陆续构建起来。

封闭围合

2

1

平面

平面 1

平面 2

屋顶

6 透视绘图
Perspective Drawings

"透视"指的是在一个平面上描述体积和空间关系的各种图解技法，例如尺寸透视（size perspective）和空气透视（atmosphere perspective）。然而，"透视"这个词通常令人想到直线透视这种绘图体系。直线透视是一种在二维平面上通过向绘图平面深处汇聚的直线来表达三维形体的体积和空间关系的技法。虽然多视点绘图和轴测绘图能够真实地呈现一个形体，但直线透视图制造了视觉上真实的感觉。观察者处在空间中一个特别有利的位置，自一个特定的方向观看一座构筑物或者环境，直线透视图描述了它们出现在观察者眼中的模样。

只有用一只眼睛观察形体的时候，直线透视图才是有效的。透视图假设观察者是在用一只眼睛观看形体。实际上我们几乎从不会用这种方式查看物体。即使是瞄准固定方位的时候，我们仍是用两只眼睛看，因为眼睛不停地移动，在不断变化的环境中上下打量物体。因此，直线透视图只是与我们人眼复杂的实际动作方式最为接近的一种表达法。

尽管如此，直线透视图还是能为我们呈现在图像空间中正确摆放三维物体的方法，反映了这些形体逐渐向绘图平面深处消失时形体尺寸看上去呈现出的缩小程度。直线透视图的独特性在于它能给我们提供关于空间的实际视觉效果。但是，这一独特的优点也增加了透视图的绘制难度。绘制直线透视图的挑战在于解决我们对形体自身的认识与对形体表现出的样子之间的冲突，也就是解决客观真实地构想形体与用一只眼睛观看物体时的视觉真实之间的冲突。

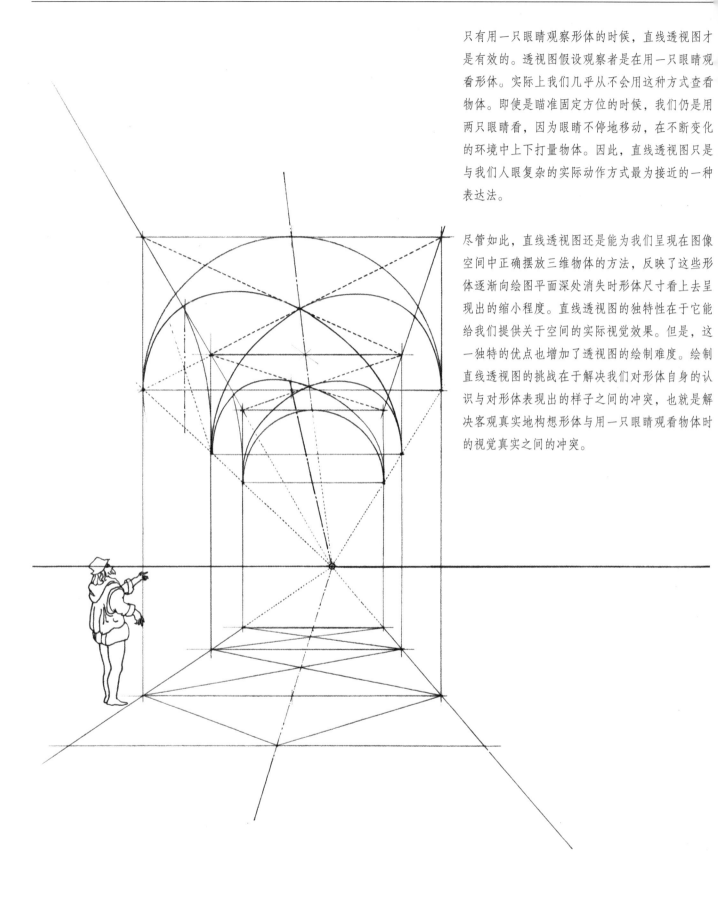

从形体上的所有点向绘图平面发射直线并最终汇聚
于代表观察者一只眼睛的空间中的一个固定点，透
视投影图就是用这种方式呈现一个三维形体。视线
的汇聚把透视投影和其他两种主要的投影体系，即
正投影和斜投影区分开，这两者的投影线都是彼此
平行的。

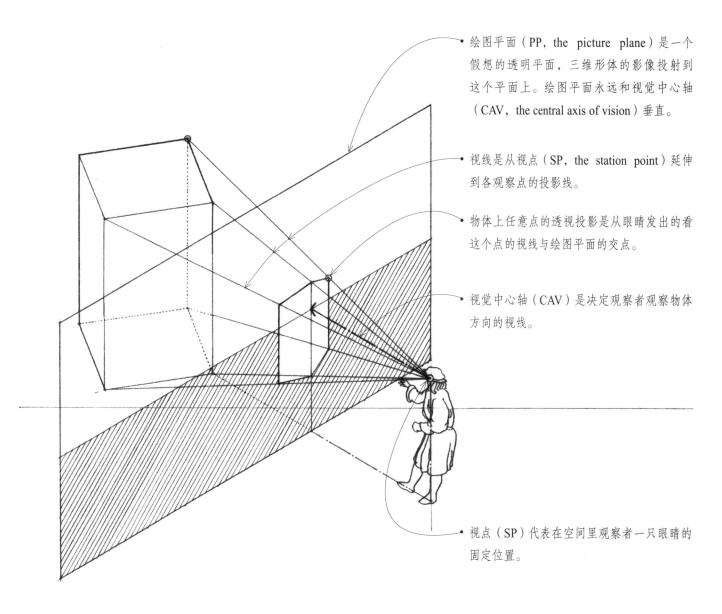

绘图平面（PP，the picture plane）是一个
假想的透明平面，三维形体的影像投射到
这个平面上。绘图平面永远和视觉中心轴
（CAV，the central axis of vision）垂直。

视线是从视点（SP，the station point）延伸
到各观察点的投影线。

物体上任意点的透视投影是从眼睛发出的看
这个点的视线与绘图平面的交点。

视觉中心轴（CAV）是决定观察者观察物体
方向的视线。

视点（SP）代表在空间里观察者一只眼睛的
固定位置。

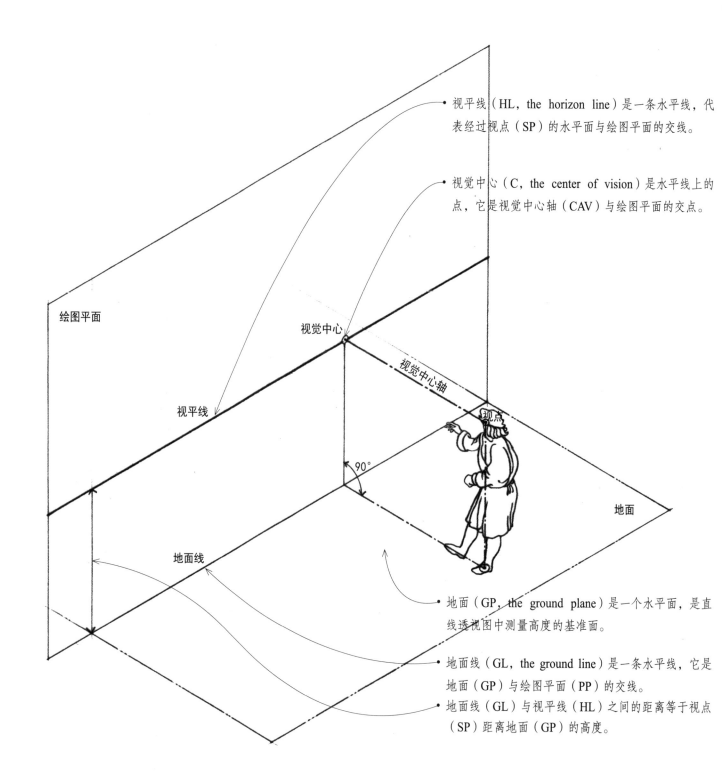

绘图平面

视觉中心

视觉中心轴

视平线

视点

90°

地面

地面线

- 视平线（HL，the horizon line）是一条水平线，代表经过视点（SP）的水平面与绘图平面的交线。

- 视觉中心（C，the center of vision）是水平线上的点，它是视觉中心轴（CAV）与绘图平面的交点。

- 地面（GP，the ground plane）是一个水平面，是直线透视图中测量高度的基准面。

- 地面线（GL，the ground line）是一条水平线，它是地面（GP）与绘图平面（PP）的交线。

- 地面线（GL）与视平线（HL）之间的距离等于视点（SP）距离地面（GP）的高度。

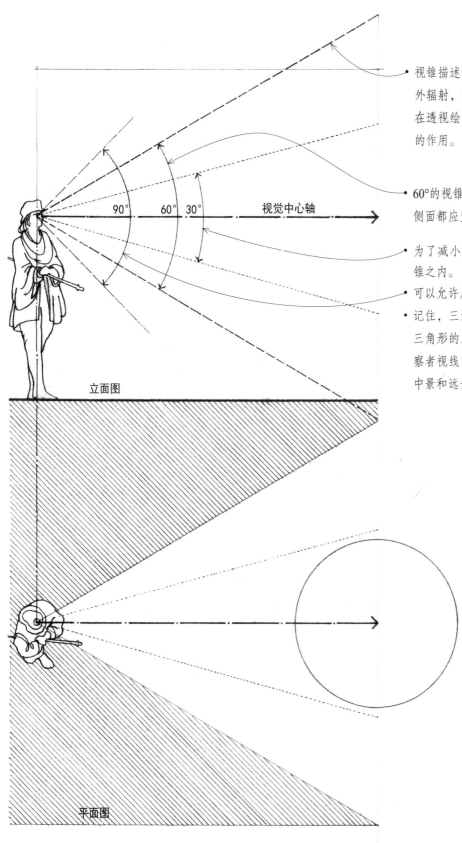

视锥描述的是在直线透视图中，视线从视点（SP）向外辐射，和视觉中心轴（CAV）形成一个夹角。视锥在透视绘图边界范围内发挥了引导囊括哪些观察对象的作用。

60°的视锥被设想为正常的视野范围，物体对象的主要侧面都应置于这个视锥内。

为了减小圆形和曲面的失真，应将它们置于30°的视锥之内。

可以允许周边外围元素置于90°的视锥内。

记住，三维立体的视锥在平面和立面的正投影图中是三角形的。只有一小部分的近景处于视锥内。随着观察者视线的拓展，视锥向前延伸；随着视域的扩大，中景和远景也变得更加广阔。

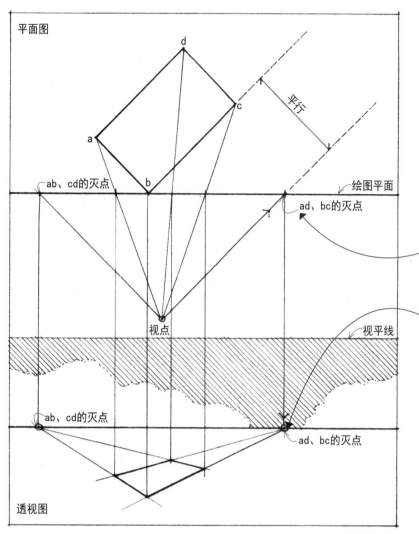

直线透视图中视线汇聚的特性能产生一定的图面效果。熟悉这些图面效果可以帮助我们理解线、面和体在直线透视图中是什么样子以及在透视绘图中如何正确地摆放物体。

汇聚 Convergence

直线透视图中的汇聚指的是随着平行线的后退延伸，它们明显朝着一个共同的灭点运动。

- 任何一组平行线的灭点（VP）是自视点（SP）发出的和这组平行线平行的直线与绘图平面（PP）的交点。

- 在直线透视图中，当两条平行线向远处延伸时，两条线之间的距离越来越小。如果直线无限延伸，它们将会在绘图平面（PP）上交于一点。这个点是这组平行线以及所有与它们平行的直线的灭点（VP，the vanishing point）。

汇聚的第一条规则是每组平行线共用一个灭点。一组平行线是由彼此平行的直线组成。例如，当观察一个立方体时，我们能看到立方体的边由三组主要的平行线组成，一组垂直线平行于x轴，另两组水平线相互垂直，并分别平行于y轴和z轴。

为了绘制透视图，必须清楚我们能看到或想象有多少组平行线以及这些平行线在哪里汇聚。平行线汇聚的规则完全基于观察者的视觉中心轴（CAV）与物体对象之间的相互关系。

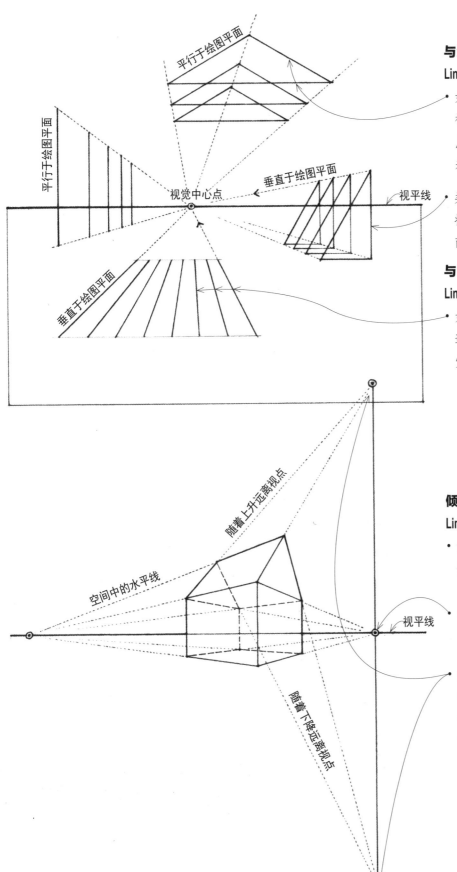

与绘图平面平行的线
Lines Parallel to the Picture Plane

- 如果一组平行线与绘图平面（PP）平行，透视后它们保持原来的方向，并且不汇聚于灭点。但是，这组平行线中每条线的尺寸将随着远离观察者而逐渐缩小。

- 类似的，垂直于绘图平面（PP）的平面图形将保持它们的原形，但会伴随着远离观察者而逐渐缩小在平面上的尺寸。

与绘图平面垂直的线
Lines Perpendicular to the Picture Plane

- 如果一组平行线与绘图平面（PP）垂直，在透视图中它们将汇聚于视平线（HL）上的视觉中心点（C）。

倾斜于绘图平面的线
Lines Oblique to the Picture Plane

- 如果一组平行线倾斜于绘图平面（PP），它们将随着延伸而汇聚到一个共同的灭点。

- 如果一组水平的平行线倾斜于绘图平面（PP），它们的灭点将始终位于视平线（HL）上的某处。

- 如果一组平行线边延伸边上升，它们的灭点将位于视平线（HL）以上。如果这些线边延伸边下降，它们的灭点位于视平线（HL）以下。

尺寸的缩小 Diminution of Size

在正投影和斜投影中，投影线保持彼此平行。因此，对于与绘图平面平行的几何元素，不管它距离绘图平面远近，投影后的尺寸都不变。但是，在直线透视图中，投影线或视线的汇聚使得线条或平面依据它们距离绘图平面的远近而改变它们的外观尺寸。

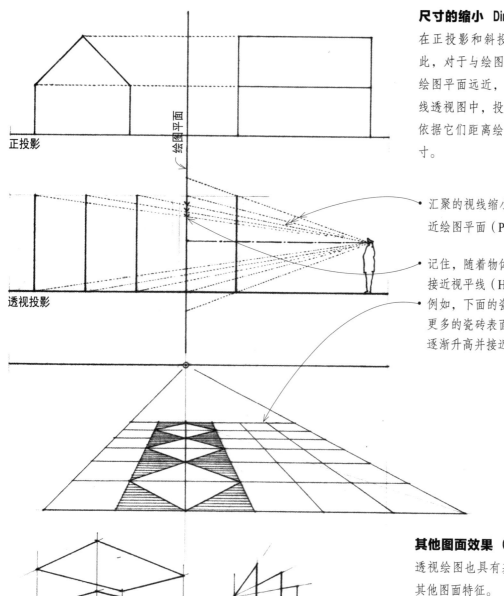

正投影

绘图平面

透视投影

- 汇聚的视线缩小了远处形体的尺寸，使得它们比靠近绘图平面（PP）的同样物体看上去尺寸要小。

- 记住，随着物体的后退，观察物体的视线将越来越接近视平线（HL）。

- 例如，下面的瓷砖铺地图案，我们能在前景里看到更多的瓷砖表面。随着相同尺寸瓷砖的后退，它们逐渐升高并接近视平线，外形显得更小、更平。

其他图面效果 Other Pictorial Effects

透视绘图也具有基于多视点绘图和轴测绘图体系的其他图面特征。

- 透视收缩现象指的是当形体上的一个面旋转着远离绘图平面（PP）时，这个面在透视图上的尺寸或长度会明显缩小。

- 在直线透视图中，一个垂直或者倾斜于绘图平面的形体上的表面相对于视觉中心轴（CAV）横向移动或者垂直移动时也会产生透视收缩的现象。

- 在所有制图体系中，形状或形式的重叠是对空间深度的重要视觉暗示。

观察者的视点决定透视图的画面效果。当观察者向上或下、左或右、前或后移动时，视点也改变，同时，观察者看到的范围和重点也随之变化。为了获得理想的透视视角，我们应该知道如何调整以下变量。

视点的高度 Height of the Station Point

视点（SP）相对于物体对象的高度决定了是从物体上方，还是下方，或是在物体高度范围内观察物体。

- 在正常人视力高度的透视图中，视点（SP）的高度就是一个人的高度。
- 当视点（SP）向上或向下移动时，视平线（HL）也随之向上或向下移动。

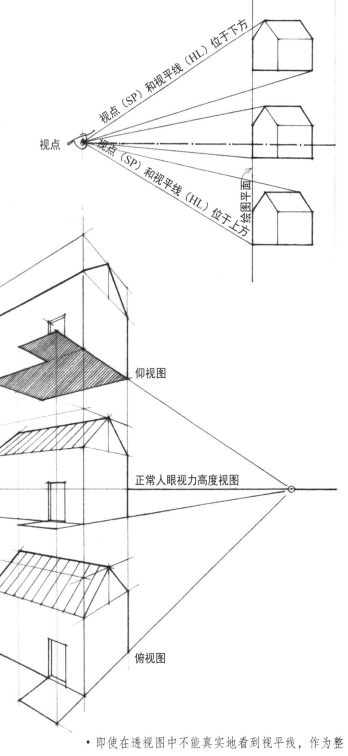

- 视点（SP）高度的水平面在透视图中显示为一条水平线。
- 处于视平线以下的水平面，我们能看到它的顶面；处于视平线以上的水平面，我们能看到它的底面。

- 即使在透视图中不能真实地看到视平线，作为整个构图的参考基准线，视平线也应该始终轻轻地画在绘图平面上。

视点到物体的距离
Distance from the Station Point to the Object

视点（SP）到物体的距离影响着物体的表面在透视图
中的透视收缩率。

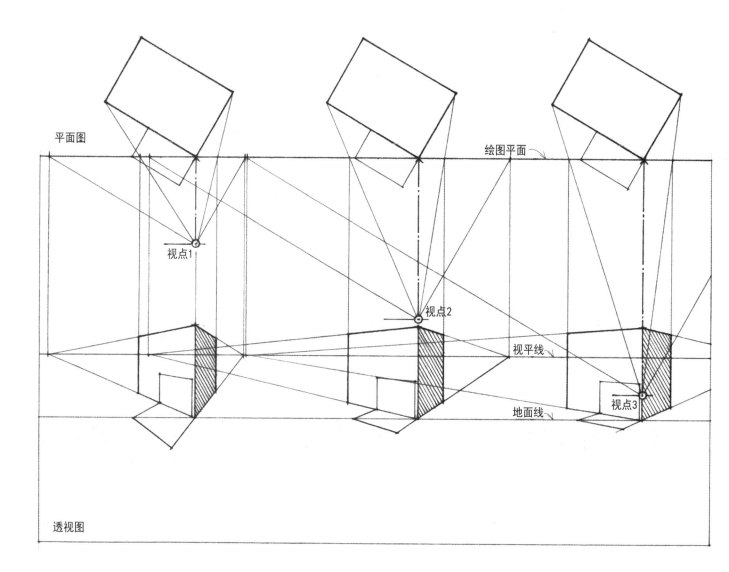

平面图

绘图平面

视点1

视点2

视平线

视点3

地面线

透视图

- 当观察者的视点（SP）远离物体对象时，物体的灭点也越远，透视的水平线平缓，透视的深度感压缩。

- 当观察者的视点（SP）向前移动，物体的灭点愈加靠近，水平线的倾角越大，透视的深度感加强。

- 理论上，只有当观察者的眼睛处于透视图假想的视点（SP）上的时候，透视图才呈现出物体真实的图像。

视角　Angle of View

视觉中心轴（CAV）和绘图平面（PP）相对于物体
的方向决定了物体的哪个面可见以及它们在透视图
中的收缩程度。

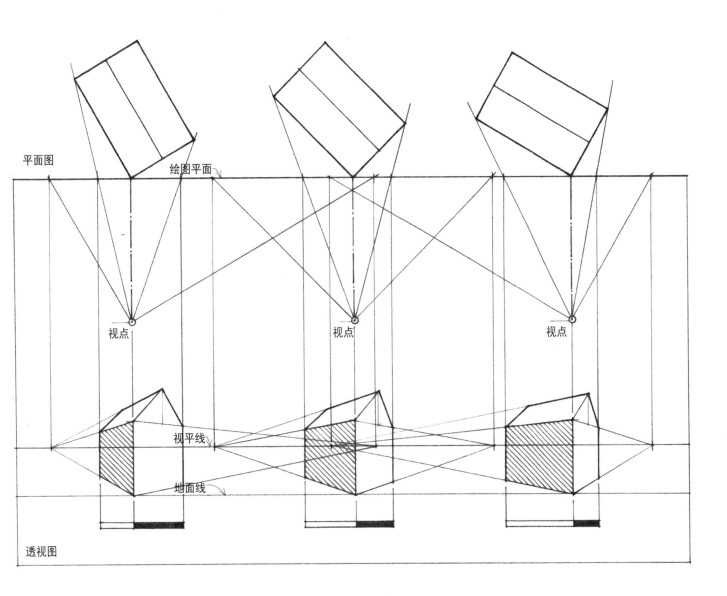

* 一个平面与绘图平面（PP）的夹角越
  大，这个面透视收缩的程度就越大。

* 平面越正对着绘图平面，它透视收缩的程度就越小。

* 当一个平面与绘图平面（PP）平行时，透视后保持真实形状。

数字视点 Digital Viewpoints

当手绘透视图时，我们必须凭经验确定视点的位置和视角来预测并获得一个理想的透视效果。使用3D CAD与建模程序的一个突出优势在于：一旦输入了构建三维形体的必要数据，我们就可以控制透视图的各个变量并且能够很快地绘制出许多透视图以资评估。3D CAD和建模程序遵循透视的数学法则，能够轻松创建多种变形的透视图。无论是手绘，还是借助计算机绘制，判断一个透视图要传达的内容始终是创作者的职责。

本页与下页的插图是计算机生成的透视图实例，显示各种透视变量如何影响最终图像。透视图的差异可能是微小的，但它们确实影响了我们对空间尺度的感觉以及对图像传递给我们的有关空间关系的判断。

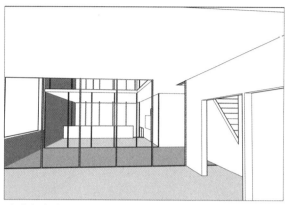

稍微向上看

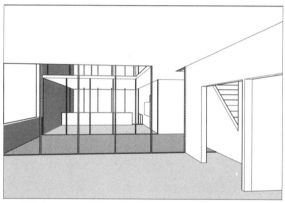

水平视线

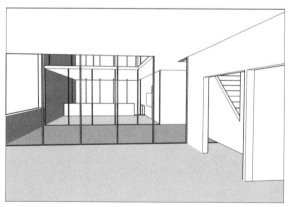

稍微向下看

- 一点透视和两点透视都假设视线是水平的，这使得竖直的线条保持垂直。一旦观察者的视线向上或向下倾斜，即使是很小的角度，都会产生理论上的三点透视。

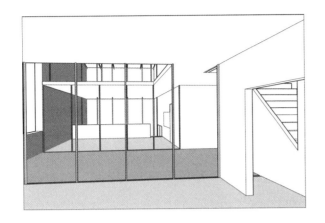
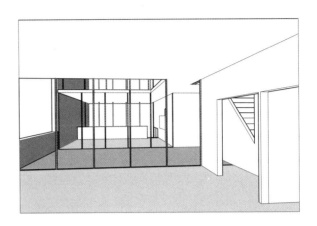

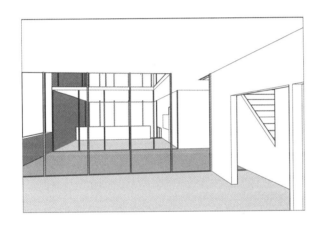
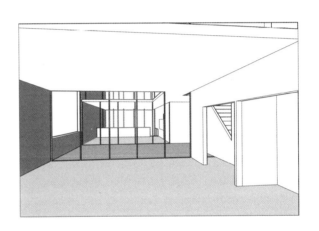

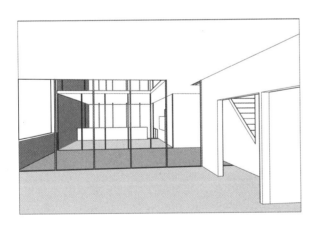

- 如果期望在单一透视图中看到空间中更多的部分，通常需要将观察者的视点尽量向后移。但是，在被表现的空间内，观察者应该尽量保持处于一个合理的位置。

- 将物体或场景的中心部分控制在一个合理的视锥范围内是非常重要的，这样可以避免透视图失真。在透视图中加大视角使其囊括更多空间的做法很容易导致形体的变形与空间深度的夸大。

绘图平面的位置 Location of the Picture Plane

绘图平面（PP）相对于物体的位置只影响透视图像的最终尺寸。绘图平面（PP）越靠近视点（SP），透视图像越小。绘图平面距离视点越远，透视图像越大。假设其他变量都保持不变，只改变绘图平面和视点之间的距离，那么透视图除了大小不同以外没有差别。

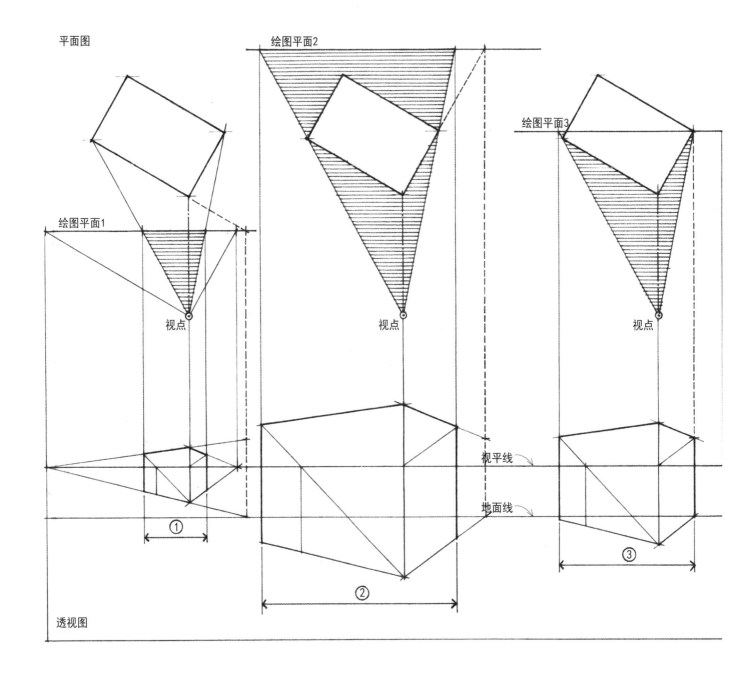

平面图

绘图平面2

绘图平面3

绘图平面1

视点

视点

视点

视平线

地面线

① ② ③

透视图

任何矩形物体，例如立方体，三组主要的平行线都有各自的灭点。基于这三组直线，有三种类型的直线透视图：一点透视、两点透视和三点透视。它们的区别仅仅在于相对于对象物体的观察者的视角。物体并未改变，只是我们观看它的角度变了，观看角度的改变影响到这些平行线在直线透视图中如何汇聚。

一点透视 One-Point Perspective

如果我们使视觉中心轴（CAV）垂直于立方体的一个表面去观察它，立方体上的所有垂直线平行于绘图平面（PP）且保持垂直。立方体上平行于绘图平面（PP）并且垂直于视觉中心轴（CAV）的水平线也保持水平。但是，平行于视觉中心轴（CAV）的水平线将汇聚于视觉中心点（C）。这就是一点透视中的一点，即灭点。

两点透视 Two-Point Perspective

如果改变观察点使我们倾斜地观察同一立方体，但保持视觉中心轴（CAV）水平，这样，立方体的垂直线保持竖直。但是，两组水平线现在倾斜于绘图平面（PP），并将汇聚于一点，一组平行线汇聚于左侧一点，另一组汇聚于右侧一点。这就是两点透视中的两点。

三点透视 Three-Point Perspective

如果我们把立方体的一角从地面（GP）上抬起，或者倾斜视觉中心轴（CAV）使我们俯视或仰视立方体，这时所有的三组平行线都将倾斜于绘图平面（PP），并将汇聚于三个不同的灭点。这就是三点透视中的三点。

注意，任何一种类型的透视图都不意味着透视图中只有一个、两个或三个灭点。实际灭点的数目取决于我们的视点以及我们观看的对象物体上有多少组平行线。例如，如果我们观看一个简单的坡屋面形体，因为它有一组竖直线、两组水平线和两组斜线，所以能看到它有五个潜在的灭点。

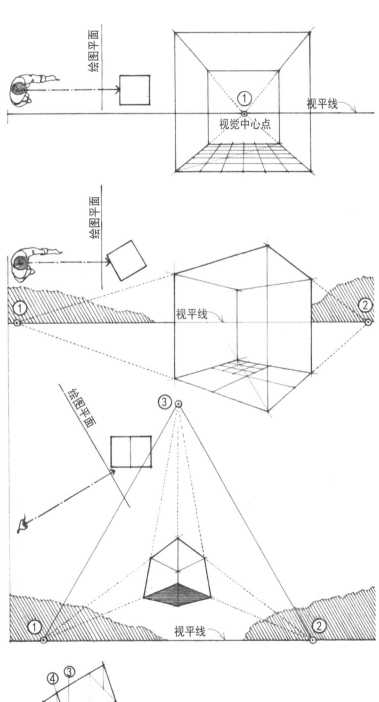

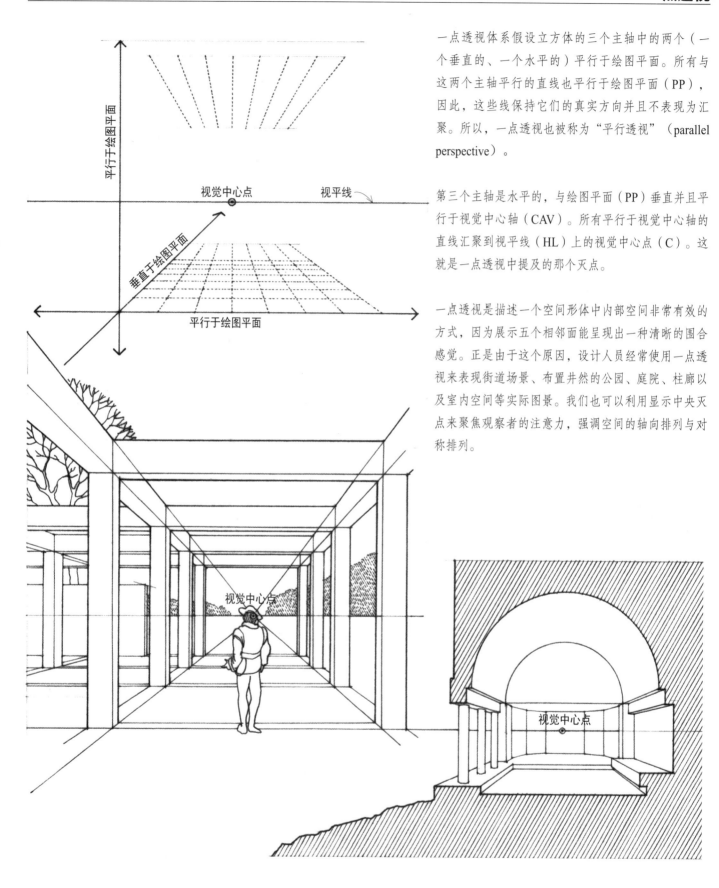

一点透视体系假设立方体的三个主轴中的两个（一个垂直的、一个水平的）平行于绘图平面。所有与这两个主轴平行的直线也平行于绘图平面（PP），因此，这些线保持它们的真实方向并且不表现为汇聚。所以，一点透视也被称为"平行透视"（parallel perspective）。

第三个主轴是水平的，与绘图平面（PP）垂直并且平行于视觉中心轴（CAV）。所有平行于视觉中心轴的直线汇聚到视平线（HL）上的视觉中心点（C）。这就是一点透视中提及的那个灭点。

一点透视是描述一个空间形体中内部空间非常有效的方式，因为展示五个相邻面能呈现出一种清晰的围合感觉。正是由于这个原因，设计人员经常使用一点透视来表现街道场景、布置井然的公园、庭院、柱廊以及室内空间等实际图景。我们也可以利用显示中央灭点来聚焦观察者的注意力，强调空间的轴向排列与对称排列。

一点透视中的对角点法是运用几何学上的45°直角三角形与汇聚原理来度量透视图中的深度。

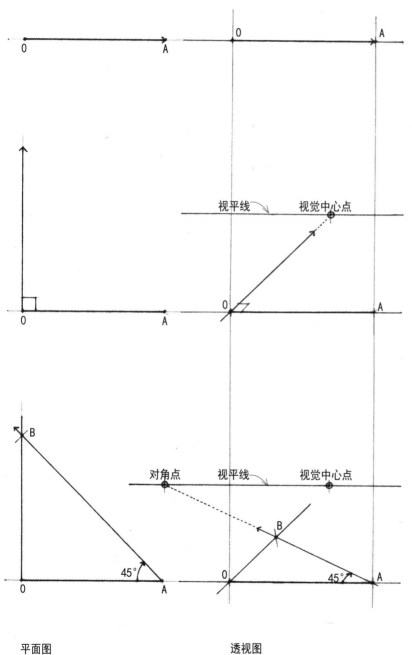

- 这种方法是在绘图平面上或平行于绘图平面绘制出一个45°直角三角形的一条边，这样我们可以把这条边作为测量线（ML，measuring line）。沿着这条边（OA），我们量取一个与理想的透视深度相等的长度。

- 穿过该长度的端点O绘制直角三角形的垂边，这条垂边汇聚于视觉中心点（C）。

- 从另一个端点A绘制直角三角形的斜边，这条斜边汇聚到和绘图平面（PP）成45°角的直线的灭点。
- 这条对角线划分出透视的深度OB，在透视图中它与OA的长度相等。

一点透视网格   One-Point Perspective Grid

我们可以利用对角点法轻松地创建一个一点透视的网格。透视网格是一个三维坐标体系的透视图。均匀排布空间点和线的三维透视网格能使我们正确确定室内外空间的形状和尺寸，同时能够在空间中控制对象物体的位置和尺寸。

平面图   透视图

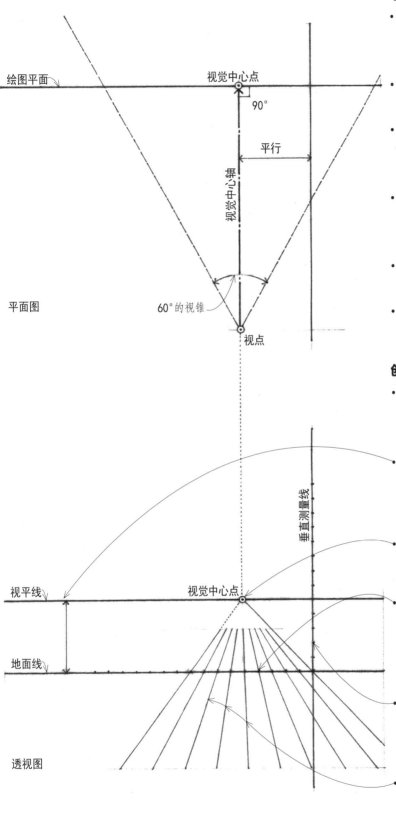

平面图设置　Plan Setup

• 创建任何透视图之前，我们应该首先确定理想的观察点位，即我们想在透视图中表达什么以及为什么要表达这些内容。

• 确定了我们要表达的空间以后，接下来要确定视点（SP）和视觉中心轴（CAV）在平面图中的位置。

• 因为这是一个一点透视，所以视觉中心轴（CAV）应该平行于空间中的一个主轴，同时垂直于另一个主轴。

• 我们在空间范围内确定视点（SP），但同时也要让视点足够靠后以便使空间中的主要部分都能被包含在60°的视锥内。

• 视点（SP）和视觉中心轴（CAV）不要置于绘图面的中央，这样可以避免产生呆板、对称的透视图。

• 为了方便绘制，我们可以将绘图平面（PP）置于形体上与视觉中心轴（CAV）垂直的一个主平面上。

创建透视网格　Constructing the Perspective Grid

• 我们首先为绘图平面（PP）确定一个比例尺，综合考虑空间的尺寸和理想的透视图大小。绘图平面无须与平面图采用同一比例尺。

• 在绘图平面（PP）的尺度内，我们在观察者眼睛的高度上确定地面线（GL）及视平线（HL），这样，视点（SP）就会处于地面（GP）以上。

• 我们在视平线（HL）上确立视觉中心点（C）。视觉中心点（C）的位置可以由平面图设置来确定。

• 沿着地面线（GL），划分出长度相等的尺寸单位。长度单位通常为1英尺，当然我们也可以根据绘图的比例尺以及透视图中所需的细部数量，采用更大或更小的长度增量。

• 我们从地面线（GL）上的一个刻度端点画一条垂直测量线（VML，vertical measuring line），在这条测量线上量取相同的刻度。

• 穿过地面线（GL）上的每个刻度点，我们绘制垂直于绘图平面（PP）的后退线，这些线最终汇聚于视觉中心点（C）。

对角点 Diagonal Points

- 如在设置透视的平面视图上从视点（SP）绘制一条45°线，它将和绘图平面（PP）相交，交于这条斜线以及所有与这条斜线平行的直线的公共灭点。我们称这个灭点为"对角点"（DP，diagonal point）。

- 水平对角线的一个对角点（DP）向左后退，即左对角点（DPL），另一对角点向右后退，即右对角点（DPR）。

- 两个对角点都位于视平线（HL）上，与视觉中心点（C）等距。利用45°直角三角形几何学上的特性我们知道，每个对角点（DP）到视觉中心点（C）的距离等于平面图中视点（SP）到视觉中心点（C）的距离。

- 记住，如果我们把对角点（DP）向视觉中心点（C）移动，相当于使观察者更靠近绘图平面（PP）。如果我们使每一个对角点（DP）都远离视觉中心点（C），也就相当于观察者远离绘图平面（PP）。

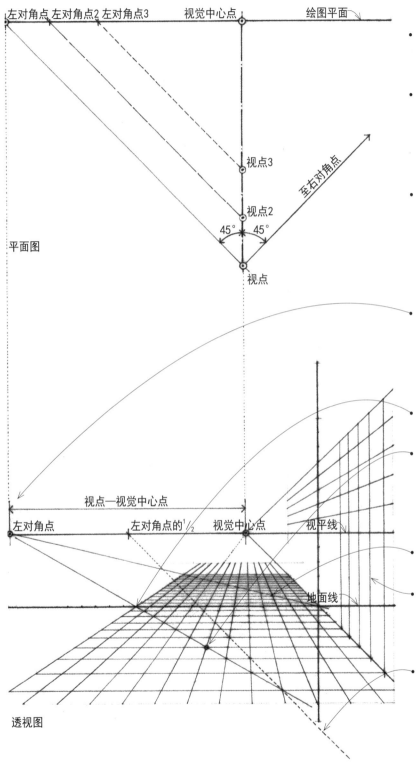

- 沿着视平线（HL），我们确立左对角点（DPL）。记住左对角点（DPL）到视觉中心点（C）的距离等于水平面中视点（SP）到视觉中心点（C）的距离。左对角点（DPL）和右对角点（DPR）的作用相同。

- 从左对角点（DPL），我们画一条线，这条线穿过地面线（GL）上的刻度左端点。

- 这条对角线穿过楼面或者地面上那些最终汇聚于视觉中心点（C）的直线，在这些交点处绘制水平线。这样，在楼面或者地面（GP）上就绘制了1英尺见方的正方形透视网格。

- 针对远离绘图平面（PP）的深度，我们按照同样的程序绘制过地面线（GL）上另一端点的对角线。

- 我们能转移这些深度尺寸并且沿着向后退的一条或两条墙边线建立同样的网格，也可以在天花板或高于头顶的平面上建立类似的透视网格。

- 当绘图面太小以至于不能绘制出正常的距离点的时候，可以使用分数测量点。利用半距点切分出宽度方向为每一英尺增量而深度方向为两英尺增量的点：对角点（DP）的 $1/2$ [译注] ＝平面图中视点（SP）到视觉中心点（C）距离的 $1/2$。

[译注] DPL至C的距离等于 $1/2$ SP至C的距离。

我们可以把描图纸放在透视网格上，并在上面摹绘出空间中的主要
建筑元素。利用同样的网格，我们能定位空间中其他元素的位置和
相对大小，例如家具和灯具。

- 我们只沿着轴线转换测量尺寸。
- 透视中圆的画法，参见第143页。
- 在透视图中加绘人物是一种好的方法，可以表明空间的功能和比
  例尺度。

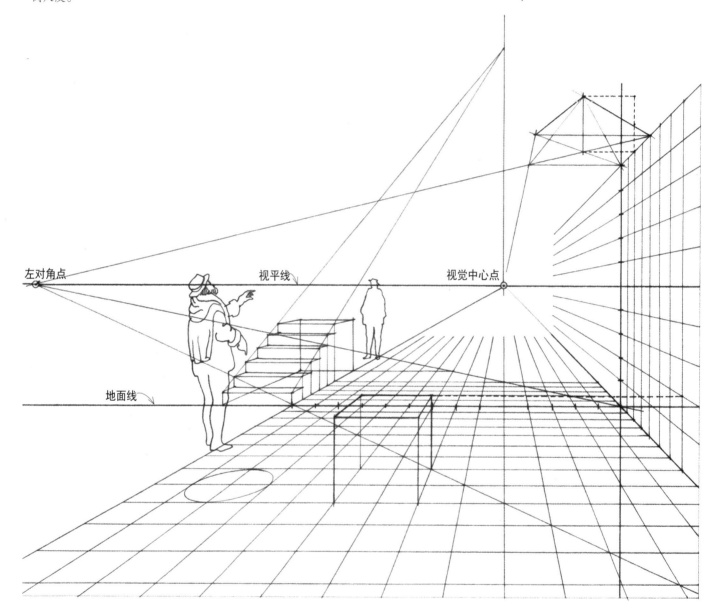

左对角点　　　　　　　　　视平线　　　　　　　　　　视觉中心点

地面线

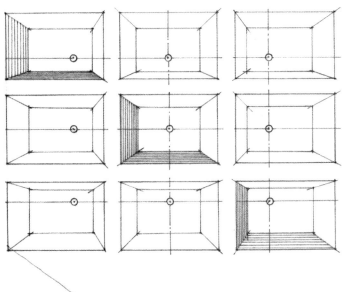

- 当绘制空间的一点透视图时，我们注意到观察者眼睛水平面的高度等于地面线（GL）以上视平线（HL）的高度，同时注意到观察者视觉中心点（C）的位置，这些信息将会决定在透视图中强调哪些平面定义了空间。

- 下面的透视图使用了透视网格的画法。注意，特别在绘制室内透视图的情况下，适当地裁切前景中的元素能够提升一个人在室内空间中的感觉，而不是从外面看室内的感觉。视觉中心点（C）靠近左墙，这样右侧弯曲的空间能够被形象地表达出来。右侧隔板和远处庭院门之间的比例变化以及近景中的桌子和远处窗下座椅的比例变化，这些都服务于强调透视的深度。

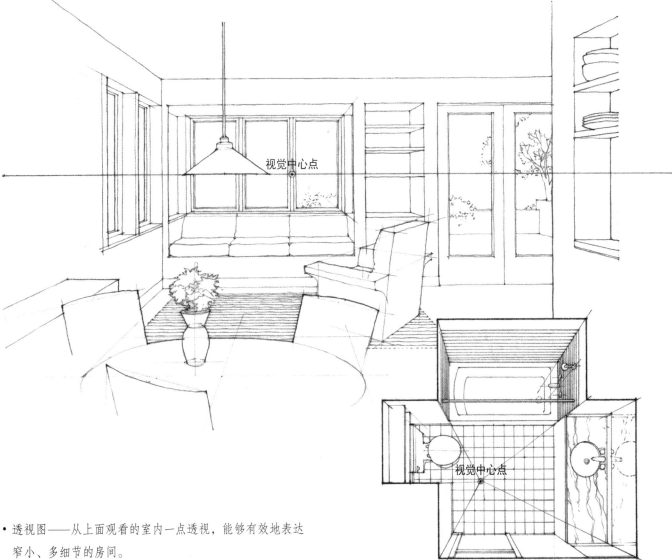

- 透视图——从上面观看的室内一点透视，能够有效地表达窄小、多细节的房间。

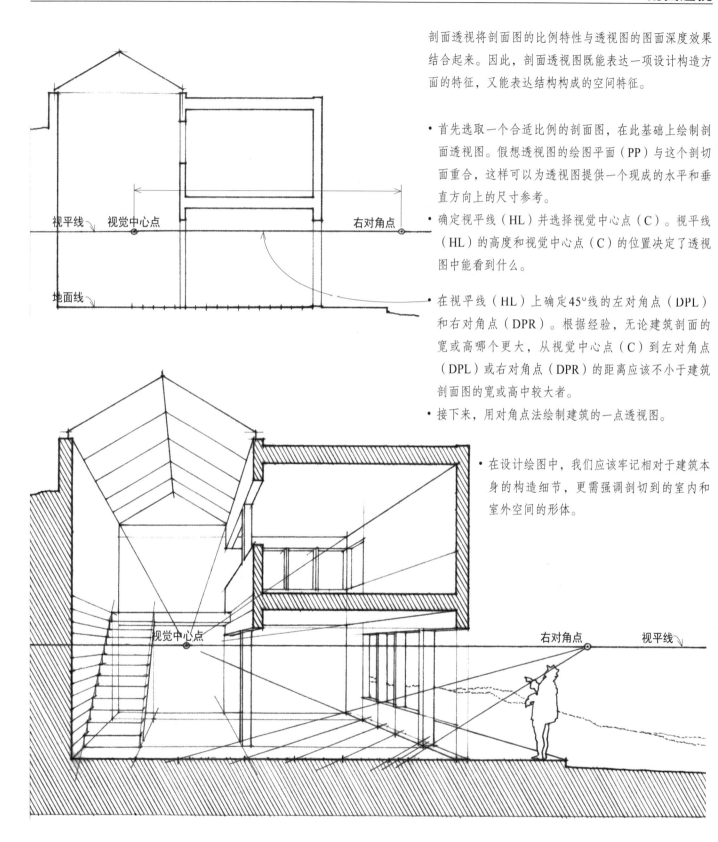

剖面透视将剖面图的比例特性与透视图的图面深度效果结合起来。因此，剖面透视图既能表达一项设计构造方面的特征，又能表达结构构成的空间特征。

- 首先选取一个合适比例的剖面图，在此基础上绘制剖面透视图。假想透视图的绘图平面（PP）与这个剖切面重合，这样可以为透视图提供一个现成的水平和垂直方向上的尺寸参考。

- 确定视平线（HL）并选择视觉中心点（C）。视平线（HL）的高度和视觉中心点（C）的位置决定了透视图中能看到什么。

- 在视平线（HL）上确定45°线的左对角点（DPL）和右对角点（DPR）。根据经验，无论建筑剖面的宽或高哪个更大，从视觉中心点（C）到左对角点（DPL）或右对角点（DPR）的距离应该不小于建筑剖面图的宽或高中较大者。

- 接下来，用对角点法绘制建筑的一点透视图。

- 在设计绘图中，我们应该牢记相对于建筑本身的构造细节，更需强调剖切到的室内和室外空间的形体。

两点透视体系假想观察者的视觉中心轴（CAV）是水平的，同时绘图平面（PP）是垂直的。形体上主要的垂直轴线平行于绘图平面（PP），所有与这条垂直轴线平行的线在透视图中均保持垂直并彼此平行。但是，两条水平主轴倾斜于绘图平面（PP）。所有与这两个主轴相平行的直线表现为汇聚到视平线（HL）上的两个灭点，一个在左，一个在右。它们就是两点透视中的两点。

两点透视或许是这三种直线透视图中应用最广的一种。与一点透视不同，两点透视既不对称也不呆板。从一把椅子到建筑体块，两点透视在展现物体对象的三维形状方面是非常有效的。

- 两点透视的图面效果随着观察者的视角改变而改变。两个水平轴与绘图平面（PP）的方向决定了我们能看到的两个主要垂直面的范围大小以及它们在透视图中缩小的程度。
- 当描述一个空间的体积（例如一个房间的室内或者室外的院子或街道）时，当视角接近一点透视的视角时，此时的两点透视是最生动的。

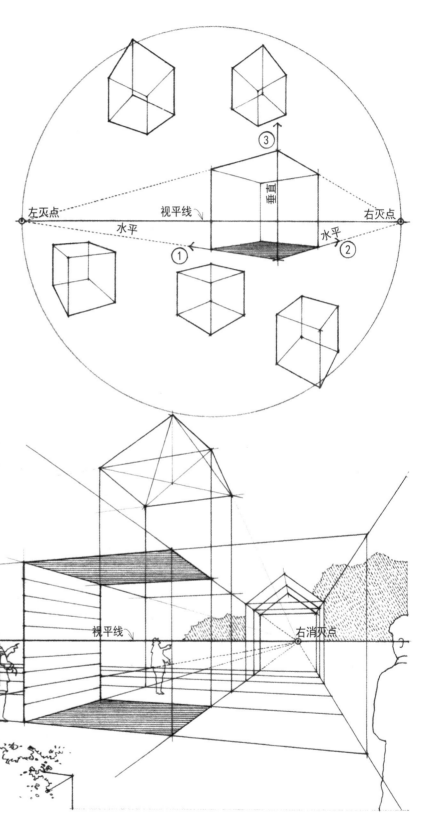

下面的例子是一种运用测量点创建两点透视网格的方法。像绘制一点透视一样，你应该先确定观察者的视点，确定你想要表达什么。观察最重要的区域，努力把平面图中前景、中景及背景里能看到的内容形象地表现出来。可以回顾第115~120页介绍透视变量的内容。

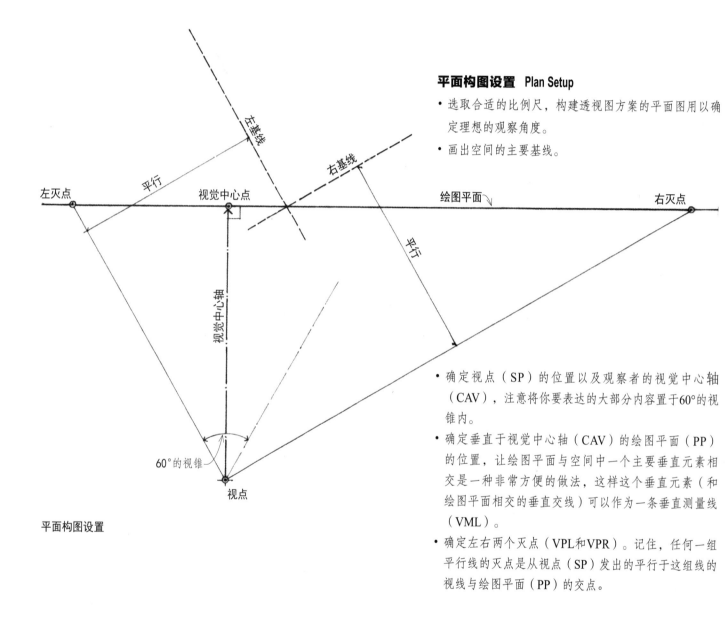

平面构图设置

平面构图设置 Plan Setup

- 选取合适的比例尺，构建透视图方案的平面图用以确定理想的观察角度。
- 画出空间的主要基线。

- 确定视点（SP）的位置以及观察者的视觉中心轴（CAV），注意将你要表达的大部分内容置于60°的视锥内。
- 确定垂直于视觉中心轴（CAV）的绘图平面（PP）的位置，让绘图平面与空间中一个主要垂直元素相交是一种非常方便的做法，这样这个垂直元素（和绘图平面相交的垂直交线）可以作为一条垂直测量线（VML）。
- 确定左右两个灭点（VPL和VPR）。记住，任何一组平行线的灭点是从视点（SP）发出的平行于这组线的视线与绘图平面（PP）的交点。

量点 Measuring Points

量点（MP）是一组平行线的灭点，在透视图中通常使
用量点沿着一条测量线（ML）将真实的尺寸转换到一
条后退线上。一点透视中的对角点是量点的例子之一。

在两点透视中，可以建立两个量点——左量点
和右量点（MPL和MPR），将尺寸沿地面线
（GL）转换到透视图中后退延伸的两条主要
水平基线上。

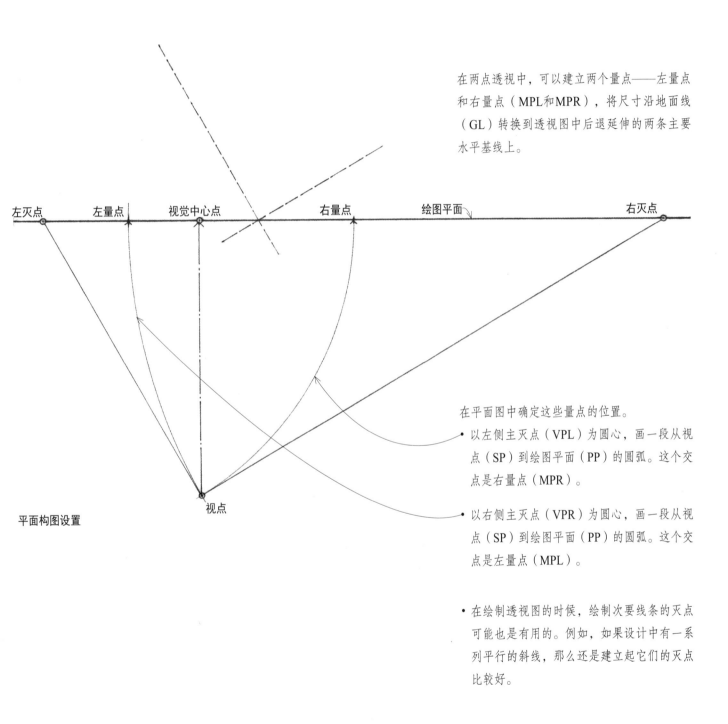

左灭点　　左量点　　视觉中心点　　　　右量点　　绘图平面　　　　　右灭点

平面构图设置

视点

在平面图中确定这些量点的位置。

- 以左侧主灭点（VPL）为圆心，画一段从视
  点（SP）到绘图平面（PP）的圆弧。这个交
  点是右量点（MPR）。

- 以右侧主灭点（VPR）为圆心，画一段从视
  点（SP）到绘图平面（PP）的圆弧。这个交
  点是左量点（MPL）。

- 在绘制透视图的时候，绘制次要线条的灭点
  可能也是有用的。例如，如果设计中有一系
  列平行的斜线，那么还是建立起它们的灭点
  比较好。

构建透视网格
Constructing the Perspective Grid

- 以合适的比例尺绘制视平线（HL）和地面线（GL）。
  这一比例尺不必与水平方案图一致。
- 以同样的比例尺，把水平方案图中主要的左、右灭
  点（VPL和VPR）的位置以及左、右量点（MPL和
  MPR）的位置转换到绘图平面上。

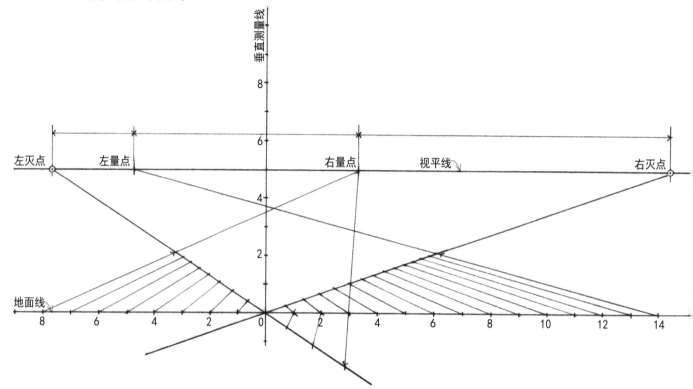

- 沿着地面线（GL）划分出相同的尺寸单位。单位长度
  通常为1英尺，当然，你可以根据透视图的比例以及
  需要表达的细节多少使用更大或更小的尺寸。
- 根据水平方案图确立一条垂直测量线（VML）的位
  置，划分出相等长度的间隔。
- 从左右两个灭点（VPL和VPR）绘制基线，穿过地面
  线（GL）和垂直测量线（VML）的交点。

- 在透视图中向右量点（MPR）画线，从地面线
  （GL）上将测量单位转移到左基线。向左量点
  （MPL）画线，从地面线（GL）上将测量单位转
  移到右基线。这些构造线条只是用来将成比例的尺
  寸单位沿着地面线（GL）转换到透视图中的主水
  平基线上。

- 可以使用分数测量点沿着地面线（GL）转换长度
  尺寸单位。例如，可以使用$1/_2$右量点（MPR）沿着
  左基线把一个5英尺的尺寸转换到距离绘图平面10
  英尺远的一个点上。

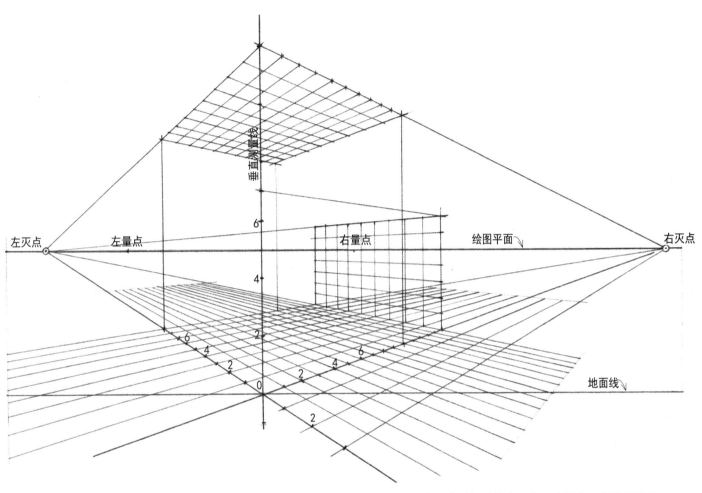

- 从左、右主灭点（VPL和VPR），在透视图中沿着主水平基线穿过被转换过来的尺寸作线。
- 这样就在楼面或地面上形成了1英尺见方的正方形透视网格。如果1英尺见方的正方形太小以至于不能精确绘制的时候，我们可以使用2英尺或4英尺的正方形网格代替它。
- 从左、右主灭点（VPL和VPR），沿着垂直测量线（VML）经过分成比例的测量点作线，建立类似的一个垂直网格。

- 在这个透视网格上，你可以覆盖一张描图纸并绘制透视图。将透视网格看成一个由点或线组成的网络，网格界定了空间中透明的平面，而不是围合空间的不透明实墙，这一点很重要。这个由正方形组成的网格能够方便地在三维空间中确定点的位置，控制透视物体的宽、高和深度，并且在正确的透视图中引导绘制线条。

一旦建立了透视网格就应该加以保存，并在绘制类
似尺寸和比例的室内外空间时再次利用。每个测量
单位可以代表1英尺、4英尺、100码，甚至1英里。
旋转或翻转网格也可以改变视点。因此，你可以使
用相同的网格绘制房间的室内透视图、庭院的室外
透视图以及城市街区或四周邻里的鸟瞰透视图。

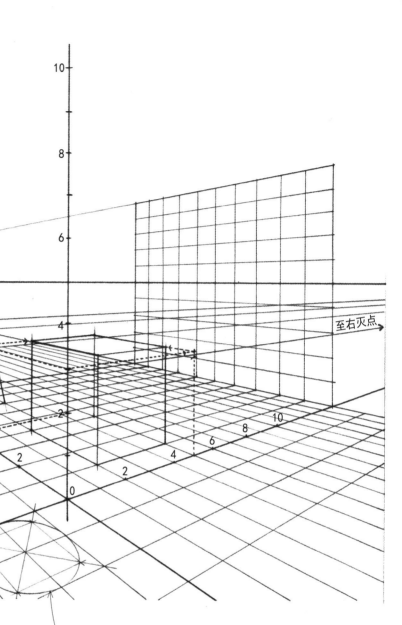

- 绘制空间内的物体时，首先绘制它在地
  面或楼面网格中的平面图或投影图。

- 然后利用垂直网格或者地面线（GL）
  上视平线（HL）的已知高度，将每个
  转角的高度提升到它的透视高度。

- 绘制形体的上边线以完成形体透视图，
  使用汇聚原理以及网格线引导它的方
  向。

- 记住，只能沿着轴向线条转换所有的尺
  寸单位。

- 你也可以使用网格绘制斜线和曲线。

- 透视中圆的画法，参见第143页。

- 透视中斜线的画法，参见第140~141页。

这三个透视图使用了前页所示的透视网格。无论如何，在每种情况下都遴选地面（GP）以上观察者视点（SP）的高度描绘出特定视点，并且根据结构物的比例尺选择透视网格的比例尺。

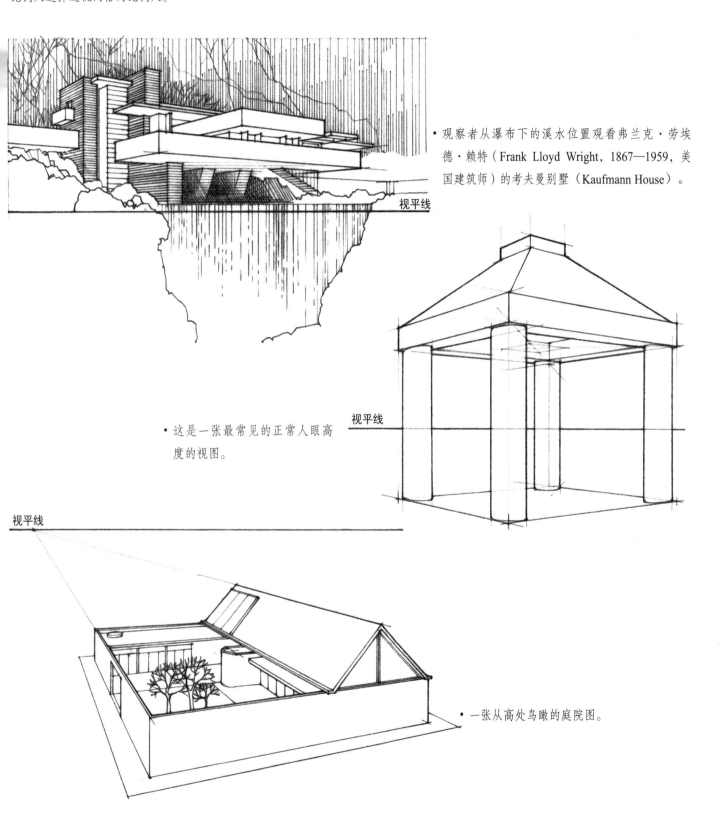

• 观察者从瀑布下的溪水位置观看弗兰克·劳埃德·赖特（Frank Lloyd Wright, 1867—1959, 美国建筑师）的考夫曼别墅（Kaufmann House）。

视平线

• 这是一张最常见的正常人眼高度的视图。

视平线

视平线

• 一张从高处鸟瞰的庭院图。

这张室内透视图也使用了第134页中提及的透视网格。注意，左侧的灭点（VPL）位于透视图内，从而能看到形体的三个面，并且体会到更强的空间围合感。因为左灭点（VPL）位于图内，这样便更强调了右侧空间的部分。如果要强调左侧空间，应使用一组反方向的网格。

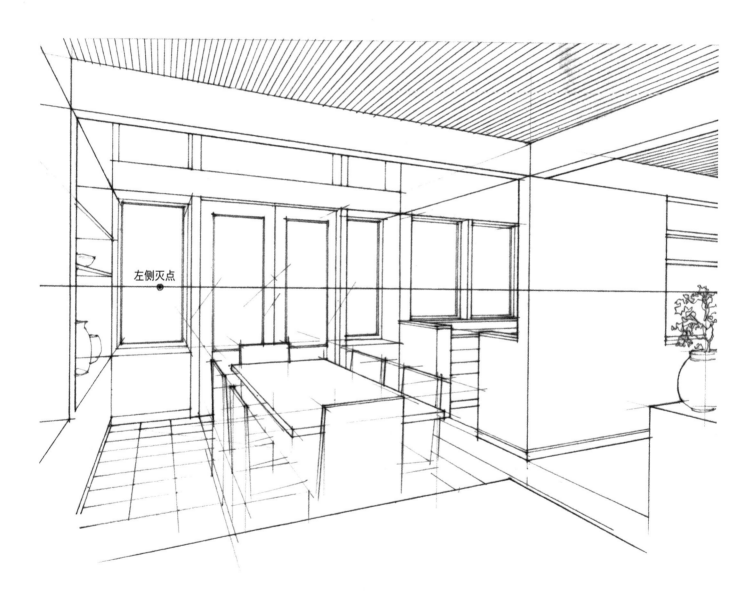

左侧灭点

直线透视图中线条汇聚以及尺寸逐渐缩小这两种透视效果的组合使其比另两种制图体系更难确定与绘制尺寸。但我们能使用一些方法来确定透视绘图图面空间中物体的相对高度、宽度及深度。

测量高度与宽度
Measuring Height and Width

在直线透视图中，绘图平面（PP）中的所有直线均保持方向不变，并且根据绘图平面的比例尺保持真实的长度。因此，在透视绘图中我们可以使用任意一条这样的直线作为测量线（ML）来度量尺寸。测量线可以是绘图平面上任何方向的线，但通常情况下使用垂直线或者水平线来确定真实的高度与宽度。地面线（GL）是水平测量线的一个实例。

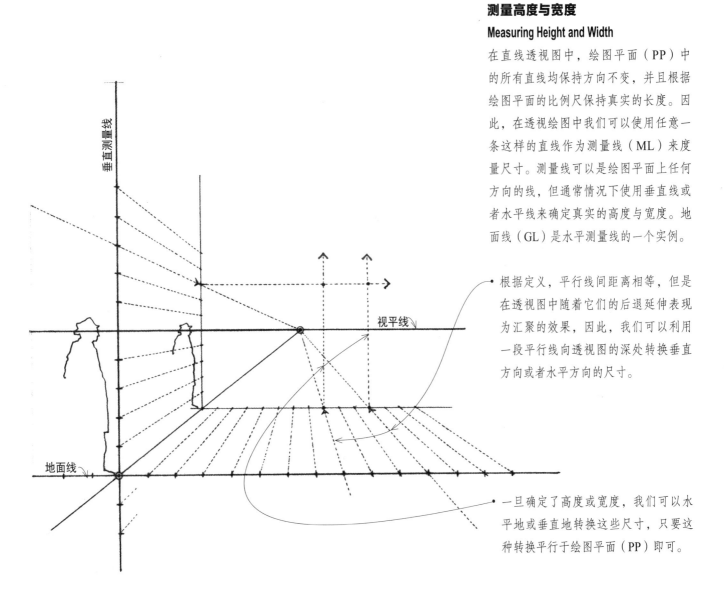

- 根据定义，平行线间距离相等，但是在透视图中随着它们的后退延伸表现为汇聚的效果，因此，我们可以利用一段平行线向透视图的深处转换垂直方向或者水平方向的尺寸。

- 一旦确定了高度或宽度，我们可以水平地或垂直地转换这些尺寸，只要这种转换平行于绘图平面（PP）即可。

数字尺寸 Digital Measurements

在3D建模程序中，透视的尺寸不是一个主要问题，这是因为建模软件使用数学公式处理我们已经输入的形体三维数据。

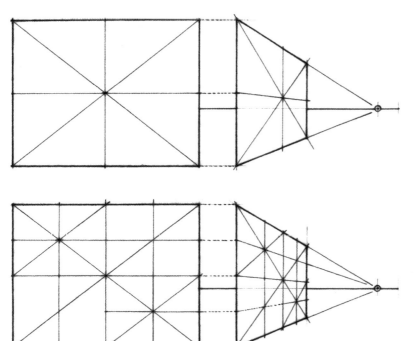

深度测量 Measuring Depth

在直线透视图中，测量透视的深度比测量高度和宽度更加困难。不同种类的透视图使用不同的方法确定透视深度。一旦确定了一个初始的透视深度，那么，我们就能够参照这个最初的深度成比例地确定其他深度。

细分深度尺寸
Subdividing Depth Measurements

在直线透视图中有两种细分深度尺寸的方法：对角线法和三角形法。

对角线法 Method of Diagonals

在任何投影体系中，我们可以通过绘制长方形的两条对角线把长方形四等分。

- 例如：在透视图中绘制一个矩形的两条对角线，它们将相交于该矩形的几何中心点。经过这个中心点且平行于矩形侧边的直线把矩形以及矩形逐渐退后的侧边等分。我们可以重复此过程，将一个矩形进行2的任意偶数倍的细分工作。

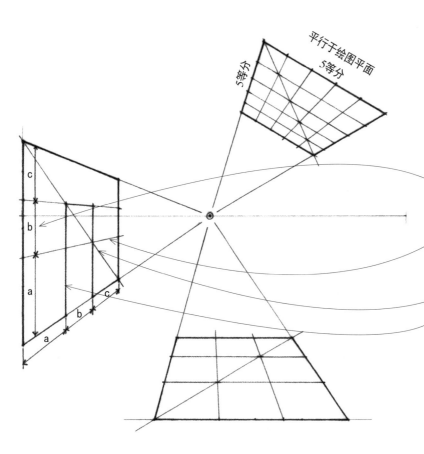

如果想对一个矩形进行奇数倍的细分，或者将其逐渐退后的侧边分成一系列不相等的线段，那么，矩形面的边必须平行于绘图平面（PP），以便前面的边可以被用作测量线（ML）。

- 我们在矩形前面的侧边上标记与透视深度中要细分的比例相同的小段。

- 从这些标记点绘制汇聚到一个灭点的平行线，这个灭点和矩形后退的侧边共用一个灭点。

- 然后我们画出一条对角线。

- 从对角线与这一系列后退线的交点，我们绘制与矩形前面的侧边相平行的线。这样就得到了所需间隔——在透视图中随着后退，空间尺寸逐渐缩小。

- 如果这个矩形是个正方形，透视深度的分段与矩形前面侧边的分段等长；否则，各部分只是比例相同而长度不等。

三角形法   Method of Triangles

因为任何与绘图平面（PP）平行的直线都能够按比例细分，所以我们可以使用这样的平行线作为测量线（ML）等分或不等分任何与其相交的线。

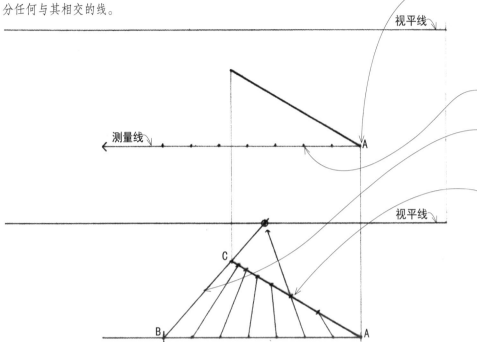

- 从后退线的一端点A开始分线段，绘制一条与绘图平面（PP）平行的测量线（ML）。如果这条后退线在空间中是水平的，那么测量线（ML）将是图面上的一条水平线。
- 按照恰当的比例尺，我们把测量线（ML）分成需要的几段。
- 连接测量线（ML）的端点B与后退线的端点C形成一个三角形。
- 从每一个分段点绘制与BC平行的线，这些平行线在透视图中汇聚于同一个灭点。这些汇聚于一点的平行线把后退线分成与测量线（ML）一样的比例线段。

延伸透视深度   Extending a Depth Measurement

如果矩形前面的侧边与绘图平面（PP）平行，我们可以在透视图中延伸并且复制这个深度。

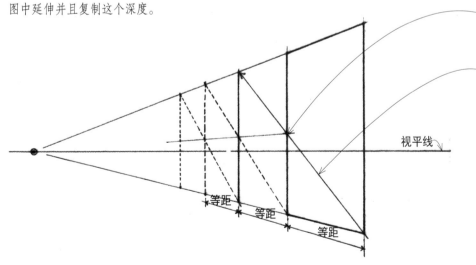

- 首先，确定与矩形前边对应的后边的中点。
- 然后，延长矩形前面的一个角点与中点的连线，与矩形的一条延长边相交。
- 从这个交点绘制一条与矩形前边平行的线。从第一条边到第二条边的距离等于第二条边到第三条边的距离，但是这个相等的间距在透视图中被缩短了。
- 如果需要，我们可以重复这个过程，在透视图的深度方向上创建所需数量的大小相等的空间。

- 注意，通常情况下，把大的尺寸细分成小的尺寸要优于把小尺寸累加成一个大尺寸。因为，在后面这种情况中，即使是微小的误差也能不断累积并在最终的整体尺寸中变得明显。

一旦我们熟悉了物体上与三个主轴平行的直线在透视图中汇聚的特性，我们可以利用这种直线的几何特性作为绘制斜线、圆及不规则图形透视图的基础。

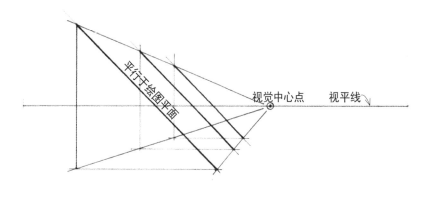

平行于绘图平面

视觉中心点　视平线

- 平行于绘图平面（PP）的斜线透视后保持原来的方向，但随着它们远离观察者而尺寸缩减。如果垂直或倾斜于绘图平面（PP），一组倾斜的直线将汇聚于视平线（HL）上方或者下方的一个灭点。

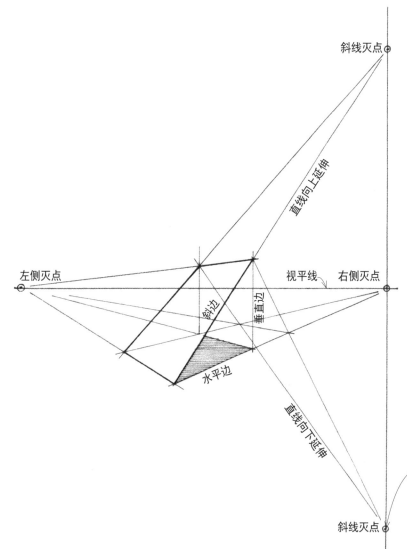

斜线灭点

直线向上延伸

左侧灭点　　　　　视平线　右侧灭点

斜边　垂直边

水平边

直线向下延伸

斜线灭点

- 我们可以绘制任何一条斜线两个端点的透视投影位置，然后将二者连接起来得到这条斜线的透视。对此最简单的做法是把斜线看成直角三角形的一条斜边。如果我们能通过恰当的透视方式画出三角形的边，连接端点就形成了斜线的透视。

- 如果我们必须绘制几条平行的斜线，像倾斜的屋顶、斜坡或者楼梯，知道这些斜线在哪儿汇聚是非常有用的。倾斜的平行线并非水平线，所以不会汇聚于视平线（HL）上。如果这组斜线随着后退是不断上升的，它们的灭点会在视平线以上；如果这组斜线随着后退是不断下降的，那么会表现为在视平线以下汇聚。

- 一种确定斜线灭点（VPi，the vanished point for an inclined set of lines）的有效方法是延长一条斜线与一条垂直线相交，这条垂直线是穿过与斜线位于同一个垂直面内的水平线的灭点（VP）的垂直线。这个交点即是这条斜线以及和它平行的其他斜线的灭点（VPi）。

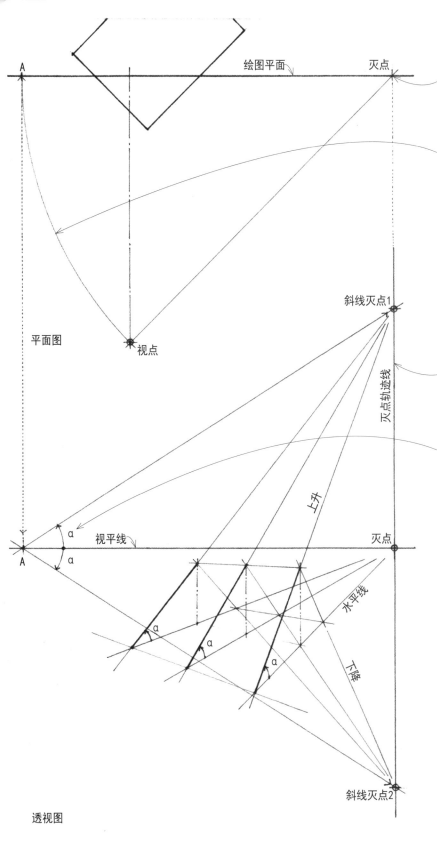

一种更加精确的确定一组彼此平行斜线的灭点的方法如下。

- 在透视方案的平面图中，确定与斜线位于同一个垂直面的水平线的灭点（VP）。

- 以灭点（VP）为圆心，以灭点（VP）到视点（SP）的距离为半径向绘图平面（PP）画弧，得到点A。

- 在透视图中，在视平线（HL）上标记点A。

- 灭点轨迹线（VT，vanishing trace）是一条直线，它是一个平面上所有平行线在直线透视图上的灭点汇聚而成的直线。举个例子，视平线是沿着所有彼此平行的水平线的灭点的轨迹线。

- 穿过灭点（VP）确定一条垂直的灭点轨迹线（VT）。这条线是包含彼此平行的斜线在内的垂直面的灭点轨迹线。

- 从点A以斜线的真实倾斜角α绘制一条线。

- 这条线与灭点轨迹线（VT）的交点是这组平行斜线的灭点（VPi）。

- 彼此平行的斜线倾斜得越陡峭，它的灭点（VPi）在灭点轨迹线（VT）上就越高或越低。

- 注意，如果一组平行的斜线向上升，另一组位于同一个垂直面内的斜线以与水平线成相同的角度反向下降，这两个灭点斜线灭点1（VPi 1）和斜线灭点2（VPi 2）在视平线（HL）上、下的距离相等。

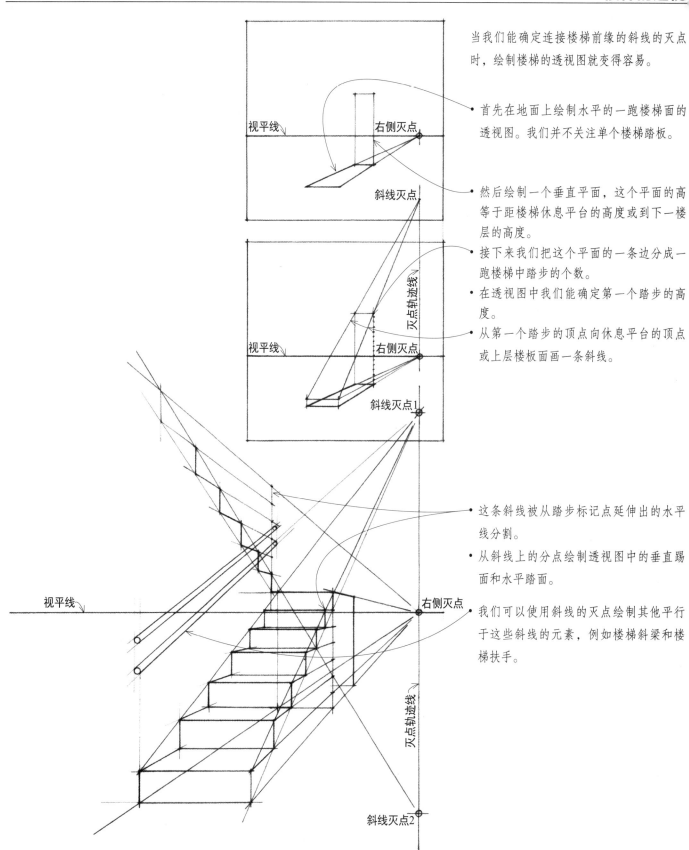

当我们能确定连接楼梯前缘的斜线的灭点时，绘制楼梯的透视图就变得容易。

- 首先在地面上绘制水平的一跑楼梯面的透视图。我们并不关注单个楼梯踏板。

- 然后绘制一个垂直平面，这个平面的高等于距楼梯休息平台的高度或到下一楼层的高度。

- 接下来我们把这个平面的一条边分成一跑楼梯中踏步的个数。

- 在透视图中我们能确定第一个踏步的高度。

- 从第一个踏步的顶点向休息平台的顶点或上层楼板面画一条斜线。

- 这条斜线被从踏步标记点延伸出的水平线分割。

- 从斜线上的分点绘制透视图中的垂直踢面和水平踏面。

- 我们可以使用斜线的灭点绘制其他平行于这些斜线的元素，例如楼梯斜梁和楼梯扶手。

圆是绘制圆柱体、拱及其他圆形体的基础元素。

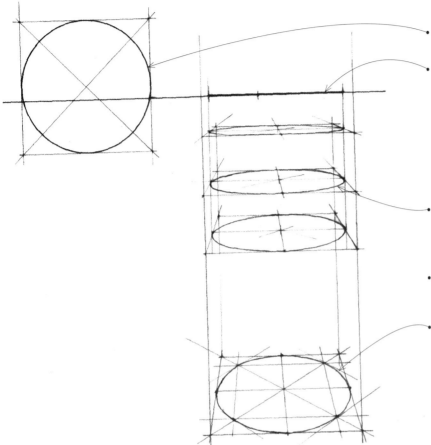

- 当圆平行于绘图平面（PP）时，透视图还是圆。

- 当从视点（SP）发出的视线平行于圆面时，圆的透视是一条直线。当圆面是水平的，并且位于视平线的高度上，或者圆面是垂直的，和视觉中心轴（CAV）重合时，圆的透视是一条直线，这种情况经常发生。

- 在所有其他的情况下，圆在透视图中均表现为椭圆。

- 在透视图中绘制圆，首先应绘制圆的外切正方形的透视。

- 然后画出正方形的对角线，借助平行于正方形四边的辅助线及圆周的切线定出圆经过对角线的点。圆越大，越有必要进一步地细分，从而保证椭圆形的光滑度。

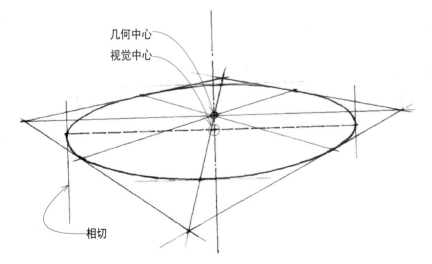

几何中心

视觉中心

相切

- 注意，透视图中椭圆的主轴与几何学上圆的直径并不一致。
- 在观察事物时，我们倾向于想当然地下结论。因此，当一个圆在透视图中表现为一个椭圆时，我们倾向于把它想象成一个圆，于是就夸大了短轴的长度。
- 短轴应该表现为垂直于圆面。检查椭圆长、短轴之间的关系有助于确保圆的透视收缩现象的准确性。

反射出现在水体的水平表面、玻璃镜面以及磨光的地板面上。一个反射表面呈现一个被反射的倒影或镜像。例如，如果一个物体静止地直立于一个反射面上，反射图像是一个笔直、倒立的原型复制品。因此，在反射透视图中，反射的图像遵循构建原始图像时运用的相同的直线透视规律。

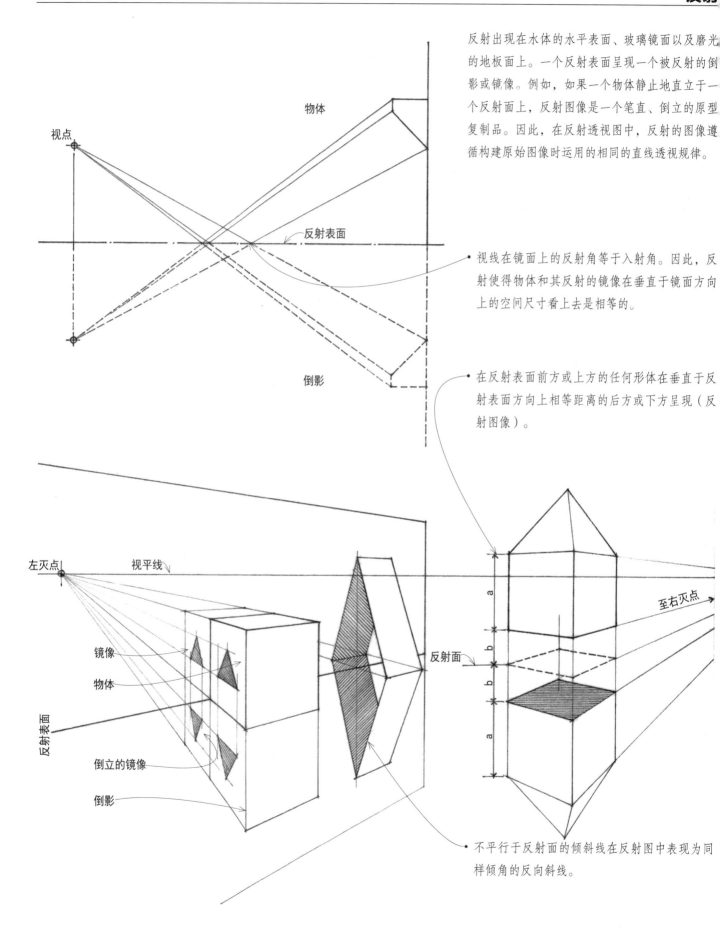

物体

视点

反射表面

倒影

• 视线在镜面上的反射角等于入射角。因此，反射使得物体和其反射的镜像在垂直于镜面方向上的空间尺寸看上去是相等的。

• 在反射表面前方或上方的任何形体在垂直于反射表面方向上相等距离的后方或下方呈现（反射图像）。

左灭点　　　视平线

镜像

物体

反射表面

倒立的镜像

倒影

反射面

a

b

b

a

至右灭点

• 不平行于反射面的倾斜线在反射图中表现为同样倾角的反向斜线。

任何平行于三个主轴中一个轴的反射平面拓展了形体对象的透视系统。因此，反射图中的主要平行线组和形体上相应的平行线组向同一灭点汇聚。

- 当物体对象位于一个反射表面的前面或上面时，首先应画出它与反射表面之间距离的反射图，然后绘制它的镜像。代表反射面的平面应该表现为物体与反射影像之间的中间位置。例如，水面线确立了水平反射面。点o位于这个平面上，因此，oa=oa′, ab=a′b′。

- 垂直于反射表面的线的倒影延长了原始的线条。

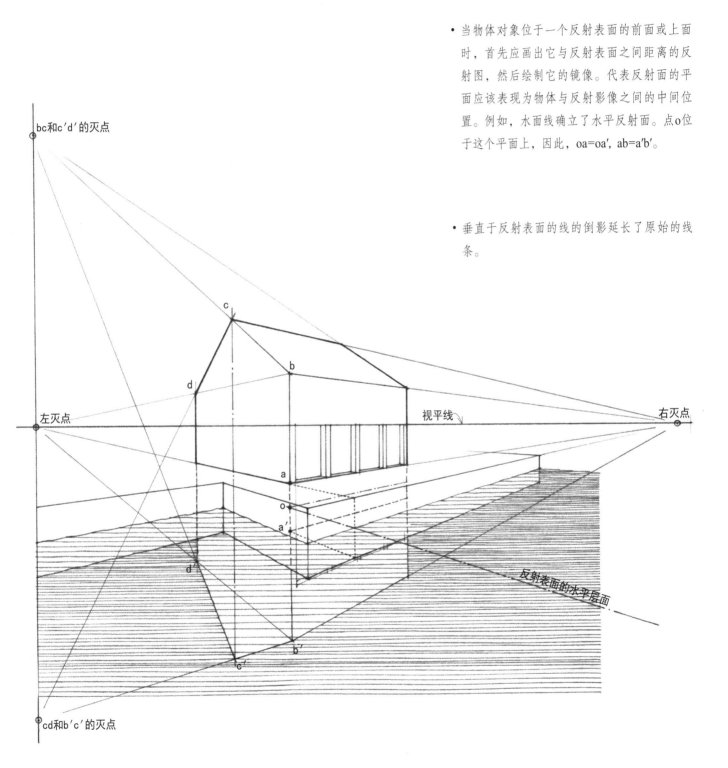

bc和c′d′的灭点

左灭点　　　　视平线　　　右灭点

反射表面的水平层面

cd和b′c′的灭点

在绘制室内空间透视时，一个或多个墙面存在镜面特性，我们在绘图方式上沿用前文叙述的透视体系。

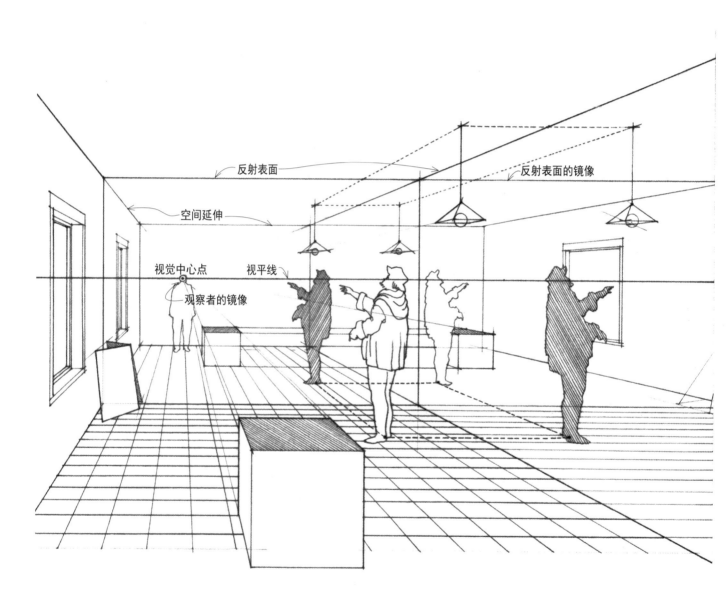

反射表面   反射表面的镜像

空间延伸

视觉中心点   视平线

观察者的镜像

7 色调渲染
Rendering Tonal Values

本章重点关注的是线条与形体如何在一个二维表面（可能是一张纸、一块图板或是一台计算机显示器）上精准地构图，以表达一个三维构筑物或空间环境。尽管线条在描画轮廓与形状中是必不可少的，但单纯的线条不能全面描绘光线、质地、块体和空间的视觉特质。为了模拟出形体的表面并表达一种光感，我们依赖于色调渲染。

光线强度与色彩对视网膜神经细胞的刺激带来了视觉效果，我们的视觉系统负责处理这些明、暗图形，并能够从环境中提取出具体特征——边缘、轮廓、尺寸、运动与色彩。如果说观察到明、暗图形对我们感知对象是必不可少的，那么在眼中建立鲜明的色调对比是对光线、形体与空间作出图形化定义的关键。

通过色调的相互作用，我们能够：

· 描绘光线如何展现物体的外形。

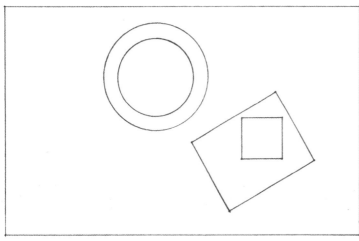

· 澄清空间中形体的排布。

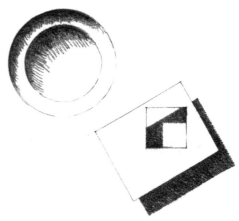

· 描绘表面的颜色与质地。

使用铅笔、钢笔和墨水这样的传统媒介，在光亮表面上呈现出暗淡的色调，有几种最基本的绘图方法来建立色调。

- 阴影线
- 交叉阴影线
- 涂抹
- 点画

这些着色技术，都需要根据笔画特性、表现介质或绘图表面质地纹理用笔画或点逐渐建立或铺层。无论我们使用何种着色技术，都必须始终充分留意所描述的色调。

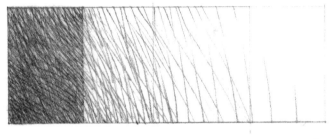

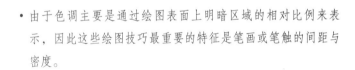

- 由于色调主要是通过绘图表面上明暗区域的相对比例来表示，因此这些绘图技巧最重要的特征是笔画或笔触的间距与密度。

- 共时对比原则促使一个色调在与其他色调共置一处时能够瞬间突显。例如，一个调子叠加在一个较暗的调子上，将会比同样色调叠压在较亮的调子上显得亮一些。

  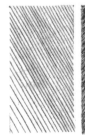 

- 次要特征包括视觉质地、纹理和笔画的方向。
- 当渲染最深的颜色时，我们应留意不要丧失纸的白色特质，完全盖住白色的纸面会导致一张图失去深度与活力。

阴影线 Hatching

阴影线包含了或多或少的一系列平行线。笔画可长可短，徒手或尺规勾勒皆可。以铅笔或钢笔绘于光滑或粗糙的纸面。当间距小到紧贴在一起时，线条便失去其独立性，并融合成一种色调。因此，我们主要依靠线条的间距和密度来控制色调的明暗。然而浓重的笔画会提高最暗部的深度，使用过重的线条可能无意中导致粗糙与过于沉重的质感。

- 绘制阴影线最灵活的方法是采用对角短斜线。

- 为了绘出一个精确的边缘，每一笔都要轻轻地起笔。

- 画笔两端如羽毛般地描绘曲面、纹理渐变或光影的细微之处。

- 当在一片较大的面积上延展色调时，以随意的方式柔化边缘并叠加笔画从而避免直线条状的密集组合。

- 通过额外叠加稍有不同角度的对角线层，我们能够建立某片区域的浓度及色调。采用这种方法保持笔画的对角线方向，避免构图混乱，并且统一组成图面的不同色调区域。

- 阴影线的方向亦可沿着形体的轮廓延伸，并强调其表面的方向。但记住方向一个因素不会对色调产生影响。通过质感和轮廓，一系列的线条也可以传达材料的特性，如木材的纹理、大理石的花纹或织物的图案。

- 避免试图用不同等级的铅笔来画出不同的色调。注意，颜色过深的铅笔或过大的压力都会导致笔尖在纸面产生浮雕效果。

- 与铅笔线不同，墨线的色调保持不变。你只能控制阴影线的间距与密度。

交叉阴影线 Cross-hatching

交叉阴影线利用两组或两组以上的系列平行线创建色调，在
绘制阴影的过程中，笔画或长或短，采用尺规作图或徒手绘
制，并用钢笔或铅笔绘于光滑或粗糙的纸面上。

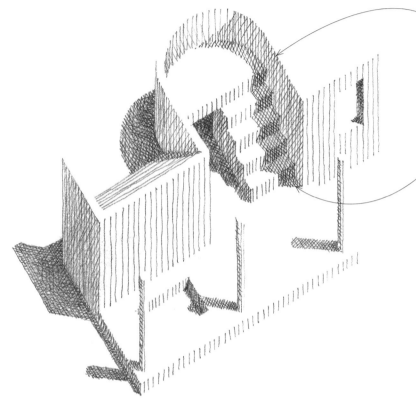

- 最简单的交叉阴影线由两组相互交叉的平行线组
  成。

- 作为结果，最终图案排布可能适合于描述特定纹
  理与材料，特别是当这些线条以较大的间距规则
  排布时，图案也会产生一种呆板、单调与机械的
  感觉。

- 使用三组或更多层组的阴影线，为创建更丰富的
  色调和表面纹理提供了更多可能性。阴影线的多
  向性也使得它更容易描绘表面的方向与曲率。

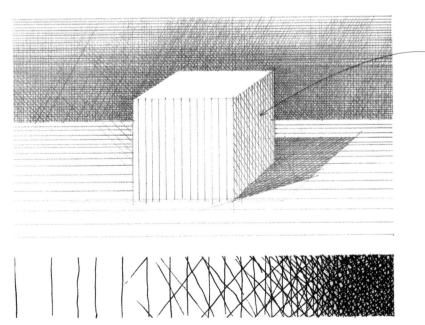

- 在实践中，阴影线与交叉阴影线经常结合成一种
  独立的绘图方法，在图画中阴影线形成轻浅的色
  调，交叉阴影线能够渲染出较深的色调。

涂抹 Scribbling

涂抹这种绘制技巧包含了一套随意、多向的线条体系。徒手涂抹的特质在描绘色调和纹理时带给我们更大的自由度。我们能够改变笔画的外形、浓度以及笔触的方向，实现了色调、纹理与视觉表达的更大自由度。

- 笔画可能会中断或连续，外形相对笔直或是弯曲，呈锯齿状或轻轻起伏。

- 通过笔画的交织，我们创造出一种更具凝聚感的色调结构。

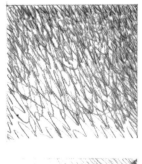

- 通过保持一个主要方向，我们制造出一种将不同区域及色调深浅统一在一起的纹理。

- 绘制阴影过程中，我们必须留意笔画的比例与密度，了解笔画呈现的表面质地、图案与材质属性。

点画　Stippling

点画是一种通过非常精细的点来绘制阴影的技法。采用点画是一个缓慢耗时的加工过程，在掌控点的大小与间距时，需要极大的耐心与谨慎。当在一张光滑的图纸表面使用细尖的墨水笔时，会得到最佳效果。

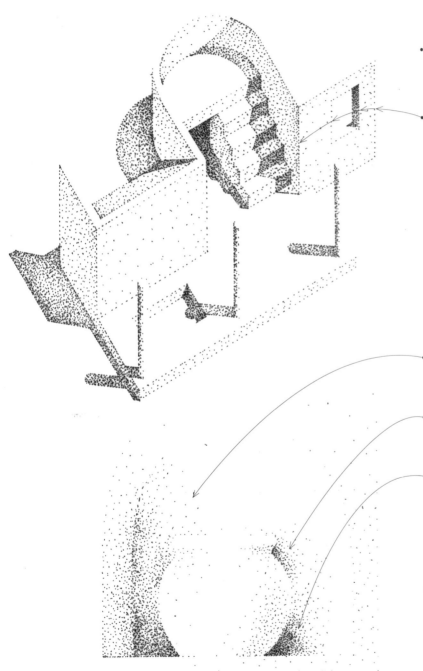

- 我们使用点画法在单一色调的图中绘出色调，图纸仅依靠色调来表现边缘和轮廓，步骤包括使用点画大致绘出着色区域的形状。

- 因为在一张单一色调图中没有物体线来描绘外形与轮廓，所以我们必须依靠一系列的点来描绘空间边缘，确定物体外形。我们使用密集的点阵来界定锐利清晰的边缘，并使用相对稀疏的点阵表示柔软或圆润的轮廓。

- 首先用间距均匀的点覆盖所有阴影区，形成最浅的色调。

- 然后添加一些点，绘出下一个层次的色调。

- 接下来我们继续有条不紊地添加点，直到完成最深的色调。

- 抵制住通过绘制较大尺度的点来加深色调的诱惑——如果点的尺度对于上色区域过大的话，那么质地就会显得过于粗糙。

数字色调 Digital Tonal Values

二维绘图或三维建模程序通常允许通过菜单或调色板选择物体表面的色彩或色调，图像加工软件还允许创建与应用视觉质感，其中一些是模仿前几页所述的传统技法。

本页和下页展示的是两个数字化实例，使用了简单的灰调与渐变。第一张图说明了以线条与色调建立模型的技法。

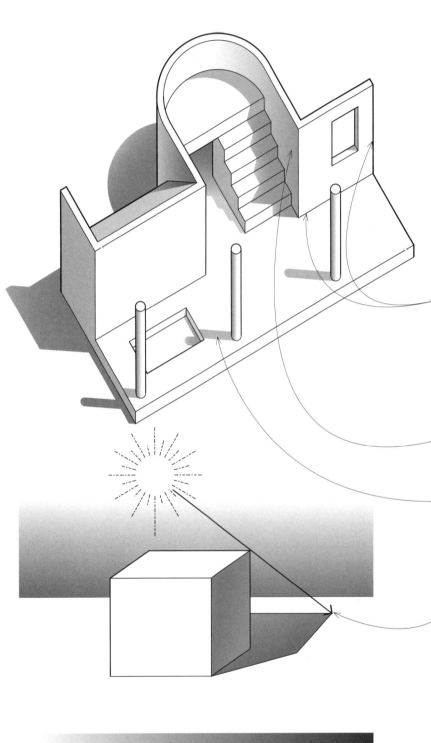

• 使用线条来限定平面的角与空间的边，减少了塑造形体时对于色调的依赖，而各种色调主要用于确定相对于假想光源的表面朝向。

• 通过一系列的色调表现出背对假想光源的表面处于阴影之中。

• 由形体受光而投射下的阴影色调稍微深些，以保持与空间边缘的对比。

• 更多关于投影的知识参见第170~184页。

这种单色调绘图的例子，主要依靠色调的选择与布局来模仿三维形体的特征。

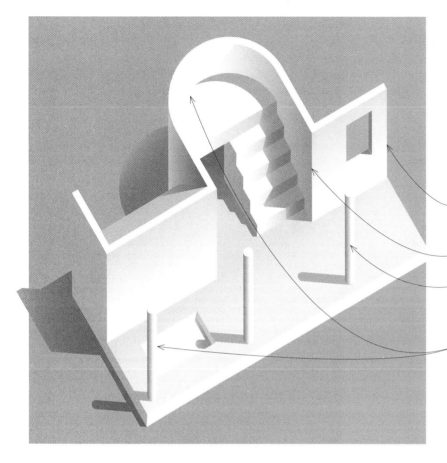

* 由于图中没有线条，故我们必须依靠分辨色调的对比来确定平面转角与空间边缘。

* 截然对比的色调沿空间边缘将形体从它的背景中分离出来，并沿平面转角明确平面中断之处。

* 曲面要求色调从暗到亮时有柔和的过渡。

* 即使形体的转角或边缘是不完整的，我们的视觉系统时常能在搜寻连续性、规律性和稳定性的过程中将轮廓补充完整。

* 因为光线在空间中的反射和折射，几乎没有哪个表面的色调保持完全一致。

* 在阴暗或阴影区域中经常出现色调较浅的区域，由于受非直射光的影响，反射了从毗邻或附近表面反射的光。

白色代表着最浅的色调，黑色代表最深的，在这两者之间是一系列的灰度。这一变化范围由色调或灰度来代表，有从黑到白十个渐变等级。值得尝试运用各种媒介和技法绘制出级别系列和色调渐变等级。

阴影线　Hatching

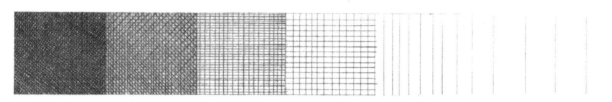

交叉阴影线　Cross-hatching

涂抹　Scribbling

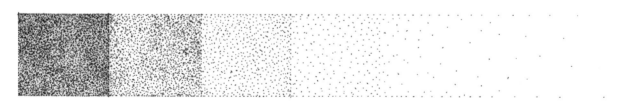

点画　Stippling

• 注意，是一系列点而不是一条线确定了区域的边缘。

• 在着色或有色的表面使用灰度色标也是可能的。用黑色铅笔在表面的原有色调上涂上更深的色调，同时使用白色铅笔来绘制较浅淡的色调。

"质感"这个词，最常见的是用于描述一个表面的相对光滑度或粗糙度。它也可以用来描述熟悉材料的表面质地，如石材雕凿的外观、木材的纹理以及纤维的编织图案等。这是可以通过触摸感知的触觉质感。

视觉与触觉紧密交织在一起。当我们的双眼识读一个表面的视觉质感时，常常不用实际触摸它就会对其外观触觉质地作出回应，这是基于我们以前曾经历过的类似纹理质地材料的物理性反应。

- 当我们绘制阴影线与点画来创建一个色调时，同时就创建出了视觉质感。

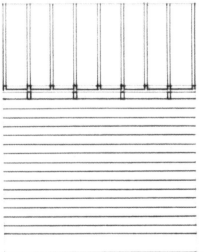

- 同样，一旦开始用线条描绘材料的特性，我们也同时创建了一个色调。

- 无论光滑还是粗糙，软还是硬，抛光还是污涩，我们总是会注意色调与质感之间的关系。绝大多数情况下，在表现光线、阴影及空间中塑造形体的方式上，色调比质感更加关键。

"塑造"（Modeling）指的是利用阴影在二维表面渲染出体积、固态和深度等形象的技法。由色调表现的阴影将一个简单的轮廓图形扩展到空间中的三维形体领域。

当明确了边缘之后便提升了外形识别度，我们审视边缘从而发现三维形体的构造。因而我们必须对两种不同色调的形状结合处的边缘或边界特性格外小心。纯熟处理色调边缘，是界定一个表面或物体属性与稳固性的关键。

硬质边缘反映的是外形上锐利、棱角分明的形体，描绘的是通过中介空间使其与背景分离的轮廓。我们使用色调上清晰的突变来界定硬质边缘。

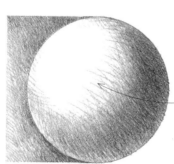

软质边界描绘了模糊的背景形状、徐徐弯曲的表面、球状形体及低对比度的区域。我们通过色调的渐变或消弱色调对比创建软质边界。

当色调能够在一张平坦的绘图表面表明景深（深度）时，我们借助于光线来清晰描绘形体的三维特点及我们周边环境的空间。光是一种辐射能量，照亮了我们生活的世界，使我们能够看清空间中的三维形体。我们并不能看到光线本身的样子，但可以感受到光线的效果。光线照射在形体表面并从表面反射形成了明亮、阴暗与阴影等区域，它们带给我们对于三维物体表面的知觉提示。

明—暗图案来源于光线与我们周围物体及表面的相互作用。在明—暗图案中，我们能够认清下列要素。

- 光亮度出现在朝向光源的任一表面。

- 当一个表面转而远离光源时，色调就会发生改变，中间色调出现在表面与光线的相切处。

- 高光表现为直接面对光源或反射光源的光滑表面上明亮的点。

- 阴暗部是指物体背离光源而相对较暗的表面。

- 阴影是当物体或物体的一部分被光源照亮时投射在一个表面上形成的暗域。

- 反射光区域——光线被一个相邻的表面反射回来，提高了一部分阴暗表面或阴影的色调。

- 色调是从图形角度表现阴暗及阴影，能通过描绘光线的缺失来表现明亮度。

色调渲染

数字照明 Digital Lighting

在建模与模拟三维形体与空间的照明时，存在一系列数字技术，最简单的方法便是光线投射。

光线投射 Ray Casting

光线投射是一种可以分析立体几何形体，并确定由假设光源方向决定的表面照明与投影的技术。光线投射的主要优点是速度快。被照亮的三维图像往往可以在现场实时产生，这使得光线投射成为初步设计中研究体块的太阳光照效果、建筑形体组合构成及其投影的有用工具，参见第172~173页的例子。

但是，由于未考虑光线抵达物体表面后的交叉投射路径，故而光线投射无法准确渲染反射、折射或阴影的自然衰减，因此必须研究光线追踪。

未打光的基本阴影模式   直射光的光线投射

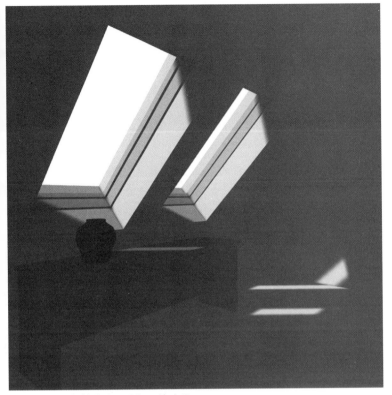

局部照明：直射光线+近似环境光线

光线追踪　Ray Tracing

一条光线从光源射到一个表面被中断的过程中，它可能在一个或多个方向被吸收、反射或折射，这取决于材料、颜色及表面的质地。光线追踪是跟踪这些路径来模拟照明光学效果的数字技术。

局部照明是光线跟踪的一个基本层面，它研究直接照明与特定光线反射。虽然局部照明并没有考虑在一个三维空间或场景中的表面之间光的漫反射，但一些光线追踪程序可以近似地计算出这个环境中的光照明。

更好的预估任意数量光源如何照明空间的一种方法是全局照明。全局照明技术使用复杂的算法程序以更准确地模拟空间或场景的照明，这些计算程序考虑的不仅是从一个或多个光源直接发射出的光线，还会研究表面之间的反射与折射，特别是空间或场景中表面之间反射光的漫射现象。但这种模拟水平的提高是有代价的——这一过程需要大量计算和一定时间，因此只适用于手头合适的设计任务。

全局照明：直射光线+环境光线

本页和接下来的7页书稿将说明我们如何使用色调来增加空间深度，并将注意力集中在各类建筑图纸上。

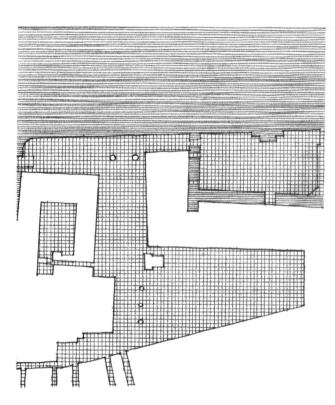

- 我们在场地平面图上使用色调来明确建筑形体与其空间场景之间的相互关系。这两张威尼斯圣马可广场的绘图说明了如何使用色调对比将建筑加以深色渲染，凸显于浅色背景上；或是将图—底关系反转，渲染场地色调。
- 另请参阅第67和68页的场地平面图。

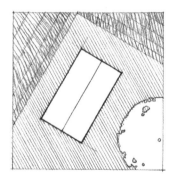

色调在平面图中的主要用途是强调剖切元素的形状和布局。

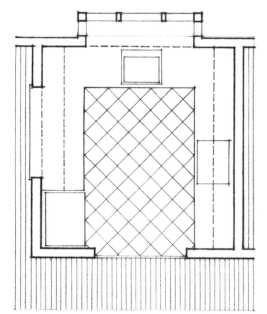

- 在平面图中通过材料图案样式渲染地面，将赋予平面质地和色调。这些色调可以有效地相互区分开来，并为那些处于地板平面以上的元素提供基础背景。

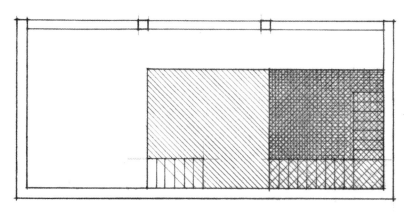

- 当在一张平面图的范围内有多个楼面时，不同深度的色调可以传达出剖切平面以下各个楼面的相对深度。楼层地面越低，色调越深。

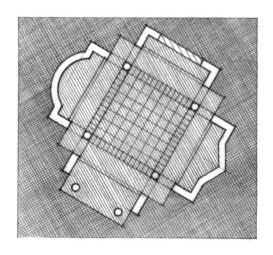

- 如果在一张平面图中限定一个独立于周边区域的空间，那么剖切到的元素可以留白或给予很浅的调子。然而，可以肯定有充足的对比度来强调剖切到的元素的重要性。如必要，用一条粗线将剖切元素表示出来。

- 在楼层平面图中如何使用色调的更多实例，请参见第55~57页。

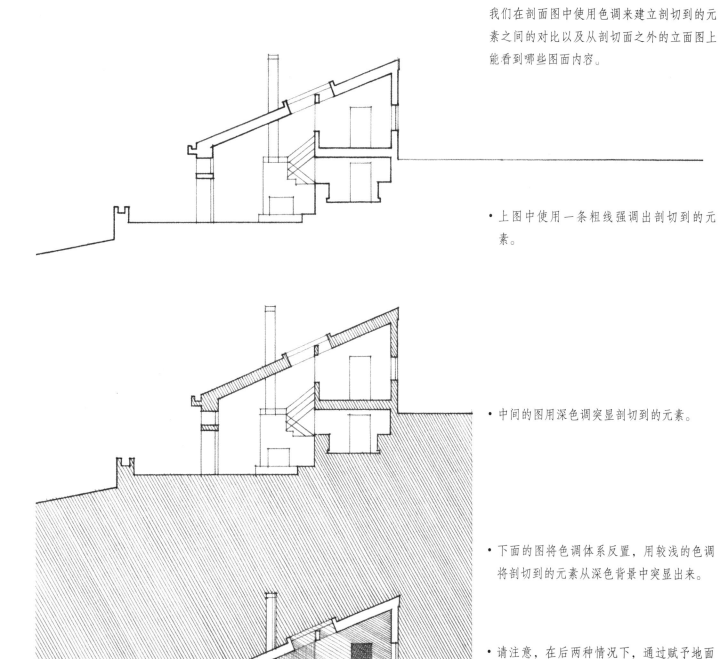

我们在剖面图中使用色调来建立剖切到的元素之间的对比以及从剖切面之外的立面图上能看到哪些图面内容。

• 上图中使用一条粗线强调出剖切到的元素。

• 中间的图用深色调突显剖切到的元素。

• 下面的图将色调体系反置，用较浅的色调将剖切到的元素从深色背景中突显出来。

• 请注意，在后两种情况下，通过赋予地面与剖切到的元素相似的色调，建筑与支撑它的地面之间的关系得以清晰呈现。

• 在建筑剖面图中如何应用色调的更多实例，请参见第73~75页。

我们在立面图中使用对比色调，来确定空间深度的层次。最重要的是确立建筑立面前方穿过地面的剖切面与建筑本体之间以及建筑立面与背景之间的区别。

- 首先，建立前景与背景的对比色调。

- 通过色调对比更加锐化，材料、质地和细节描绘得更为精细，使人感觉诸要素向前突出。

- 通过弱化对比度与细节，将部分区域推入背景。

- 请参阅第170~176页，使用阴暗和阴影厘清建筑体量内部投影与内凹处的相对深度。

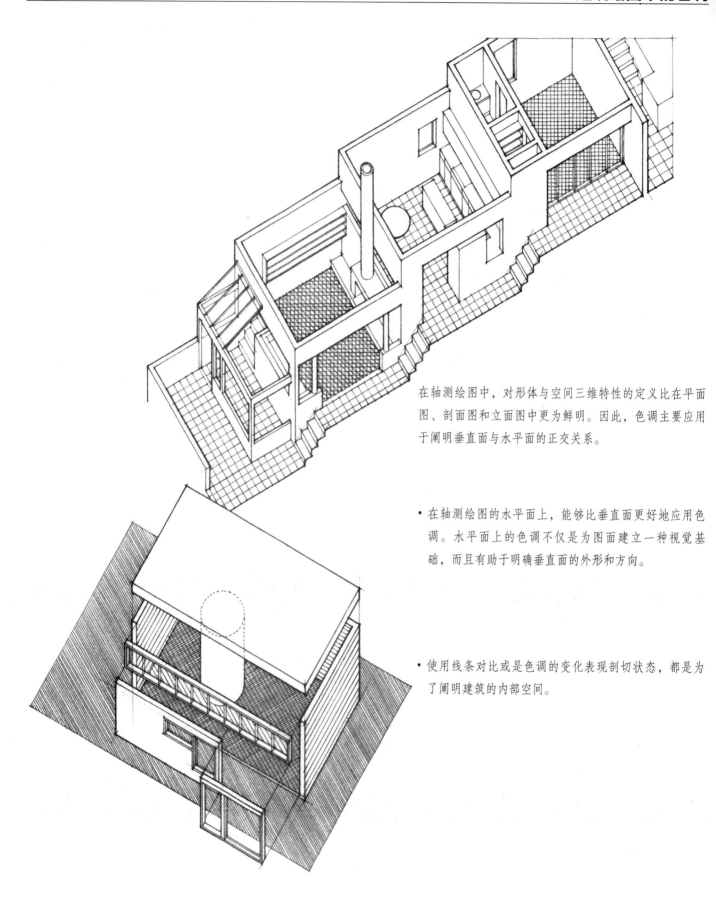

在轴测绘图中，对形体与空间三维特性的定义比在平面图、剖面图和立面图中更为鲜明。因此，色调主要应用于阐明垂直面与水平面的正交关系。

- 在轴测绘图的水平面上，能够比垂直面更好地应用色调。水平面上的色调不仅是为图面建立一种视觉基础，而且有助于明确垂直面的外形和方向。

- 使用线条对比或是色调的变化表现剖切状态，都是为了阐明建筑的内部空间。

在透视绘图中，我们使用色调来强化空间深度、明确图
纸范围和彰显重点。

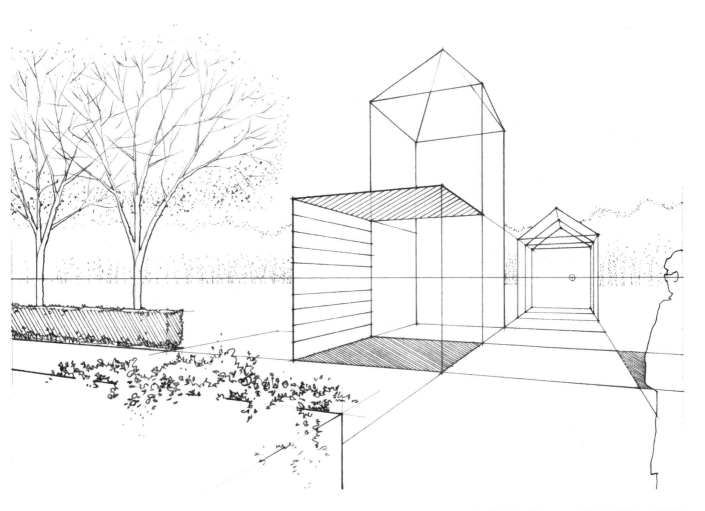

透视绘图应利用空气透视原理增强空间深度
感。

• 色调明亮、柔化对比度可使要素后退。
• 色调暗深、锐化对比度可使要素前进。

这些室外透视图所采用的色调体系类似于立面图中采用的色调。

• 上图，建筑和前景的轮廓图同较深暗的背景区域形成对比。

• 下图，经渲染的建筑和前景在一些细节上与色彩明亮、虚化的背影形成对比。

• 请翻至第128页，可以发现剖面透视图中剖切到的元素间对比有助于将透视图中看到的空间分离独立出来，并构成框景。

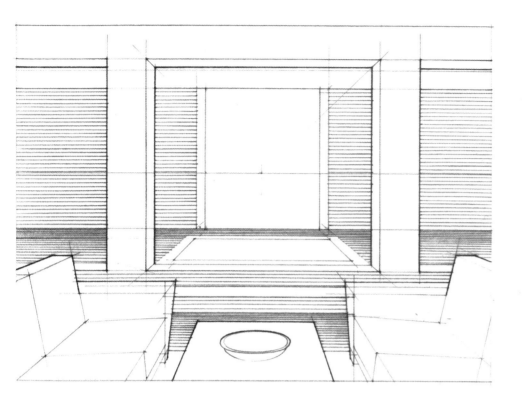

- 上图中，室内透视图的深度感通过明亮的前景要素与背景中较深暗的连续墙体之间的对比得到加强。

- 在右图中，深色的前景要素有助于形成眼前所见景物的框景。

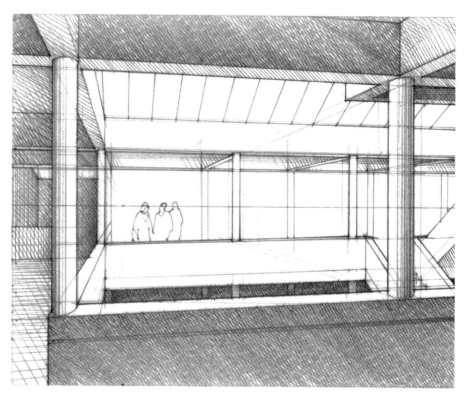

数字渲染 Digital Rendering

尽管获得了持续改进，许多图形处理程序在渲染空气和质地透视方面仍存在问题，然而，图像加工软件允许我们修改数字图纸，并可以模拟空气和质地透视图的图面效果。

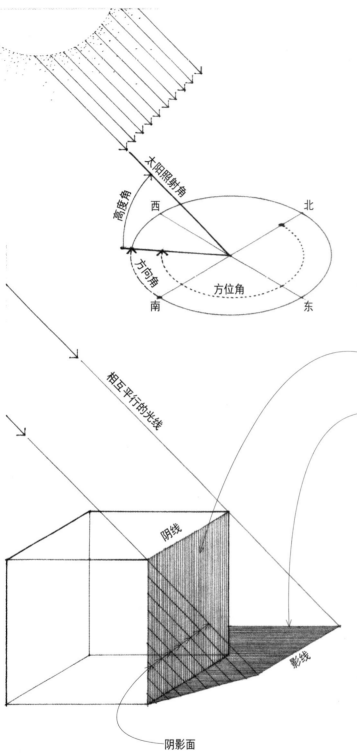

"阴暗与阴影"是指确定阴暗区域，并用投影法绘制投射在表面上的阴影的表现手法。对光线、阴暗和阴影的绘制能够模拟设计表面，描述建筑群的布局，并且清晰地阐释建筑细部的深度与特性。

- 假设建筑阴影的光源是太阳。由于太阳是一个十分巨大而遥远的光源，所以可以认为其光线是彼此平行的。
- 太阳照射角（sun angle）是太阳光的方向，依据太阳的方向或者方位角和高度角确定。
- 方向角（bearing）是从基准南北方向偏东或偏西的水平偏转角度，以度数表示。
- 方位角（azimuth）是方向角相对于正北方按顺时针方向旋转而成的水平角距离。
- 高度角（altitude）是太阳与地平面之间的夹角。

- 阴暗指的是与理论光源方向相切或相背的部分实体上相对暗深的区域。

- 阴影指的是发自理论光源的光线被一个不透明物体或物体局部阻截后，投射在一个表面上形成相对黑暗的图形。

- 阴线（shade line）或投影边缘（casting edge）将光亮面与阴暗面分开。
- 影线（shadow line）是一条阴线投射在一个承影面上的影子。
- 阴影面（shadow plane）是指通过一条直线上的相邻点的光线组成的平面。

- 光线下物体的每个部分都会有投影。推论是，任何不在光线下的点不落影，因为光线没有照射到它。
- 只有在一个受光的表面接收投影时，投影才是可见的。影子不会被投射到阴暗部分的表面上，也不会存在于另一个阴影中。

多视点绘图　Multiview Drawings

阴影投影在克服多视点绘图的平面感、提升视图立体
感方面非常有用。阴影通常要求绘制在两个有关联的
视图中——平面图和立面图或者两个相关联的立面
图——从一个视图向后或向前向另一个视图传递信
息。

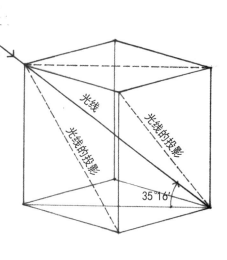

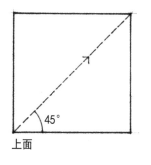

上面

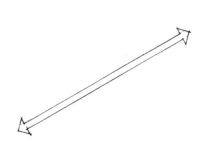

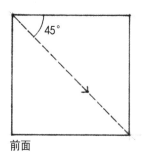

前面

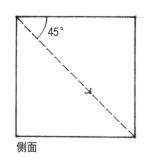

侧面

• 在多视点绘图中，我们假设光线的常规方向为
  平行于立方体从左前上角点到右后下角点的对
  角线方向。

• 若对角线的真实高度角为35°16′，在水平视图和
  立面视图中，这个方向看上去是正方形的45°对
  角线方向。这种常用的光线方向使影子的宽度
  和深度等于影子投影的宽度和深度。

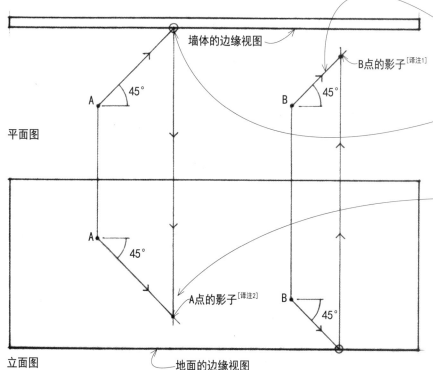

平面图

立面图

• 确定投影形状的过程首先是在两个视图中穿过
  投射边缘上的一点绘制一条45°角的光线。

• 在显示受光面边缘视图（the edge view）的投影
  图中，延伸光线使之与受光面相交。

• 把这个交点投影到另一个关联视面上。这条转
  换线和相邻投影面上光线的交点即是这个点影
  子的投影。

―――――――――――
[译注1] B点在地面上影子的水平投影。
[译注2] A点在墙面上影子的立面投影。

数字化阴暗与阴影 Digital Shade and Shadows

当在多视点绘图中绘制建筑的阴暗与阴影时，我们假定常规光线为正方
体的对角线方向，而3D建模软件具有指定光线方向的功能，能够根据一
年中的具体时间以及一天当中的不同时刻自动地投射光线形成阴暗与阴
影。在方案设计阶段，为了研究建筑的外形或者场地中的建筑群以及评
估它们落在相邻建筑上以及室外区域中影子的影响时，3D建模软件的这
个特点特别有用。

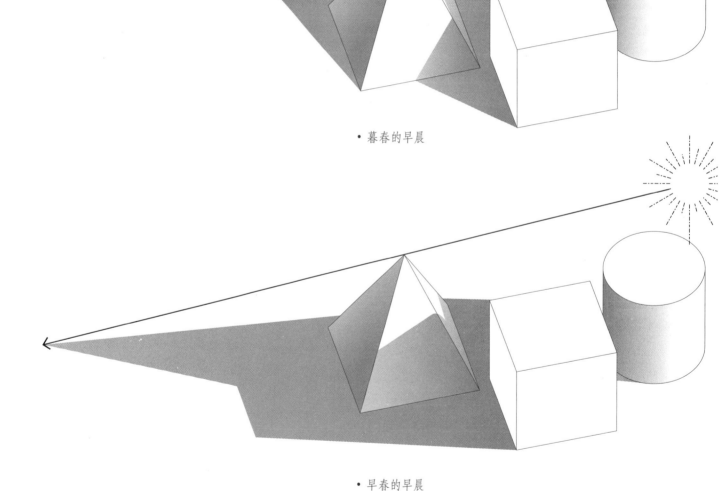

• 暮春的早晨

• 早春的早晨

判断在三维图形或场景中哪些面处于阴影之中以及确定阴影形状的数字技术方法被称为"光线投射"（ray casting）。在初步设计阶段，为了提高效率和实用性，光线投射不考虑从光源发出的光线在形体和空间表面上的吸收、反射和折射现象。数字照明方法的视觉对比参见第160~161页。

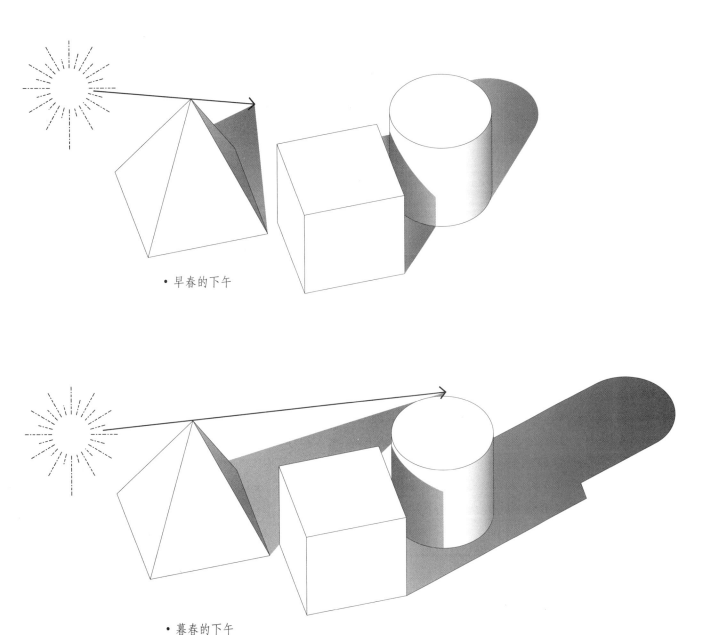

• 早春的下午

• 暮春的下午

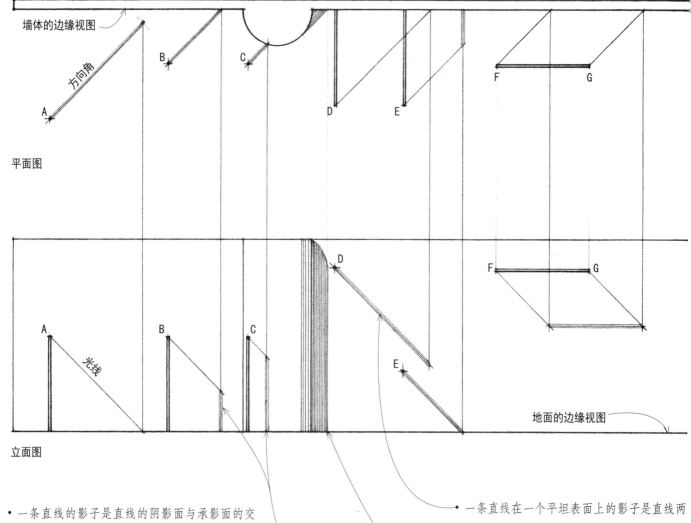

墙体的边缘视图

方向角

A

B

C

D

E

F

G

平面图

光线

A

B

C

D

E

F

G

地面的边缘视图

立面图

- 一条直线的影子是直线的阴影面与承影面的交线。三角形的阴影面中的斜边确立了光线的方向，它的底边表示了方向角（即光线方向的水平投影）。

- 一条直线在一个平坦表面上的影子是直线两个端点影子的连线。如果这条直线与平面相交，它的影子一定是从这个交点开始的。

- 当影子穿过拐角、平面的边缘或连贯表面的其他断开处，影线就会改变方向。

- 直线落影于与它平行的表面上时，影子和其自身平行。当一条直线与弯曲承影面上的直线平行时，上述原理也同样适用，即影子和直线自身平行。

- 曲线或不规则形状线条的阴影是沿着曲线或不规则形状线条上关键点的影子的连线。

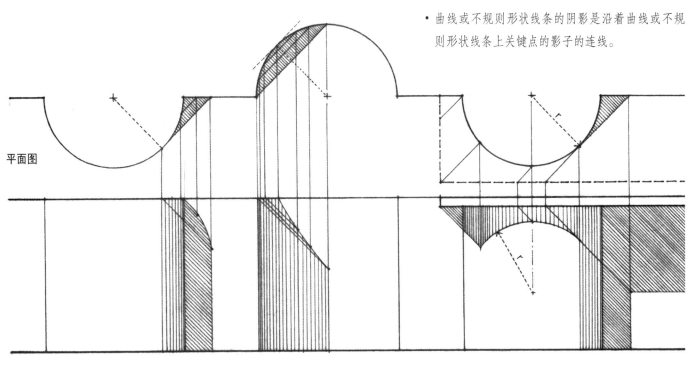

平面图

立面图

- 平面图形在与其平行的表面上的影子尺寸和形状与平面图形的原型相同。

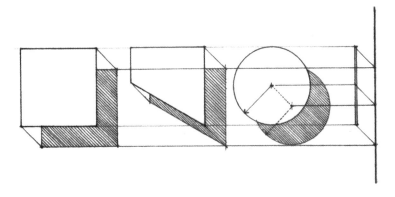

- 任何多边形在平面上的影子由这个平面图形的阴线的阴影围合而成。
- 圆形的影子是通过圆周上相邻点的光线形成的圆柱体和承影面相交的交线。由于倾斜于圆柱轴线的平面截切圆柱形成的断面是椭圆，所以这样一个圆的影子也是一个椭圆。确定圆形影子最方便的方法是确定外切圆的正方形或八边形的影子，然后标记出其中圆的椭圆形影子。

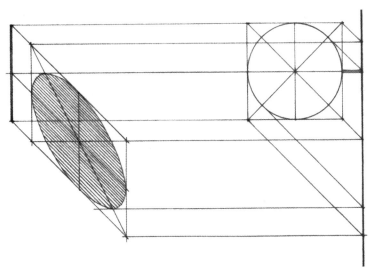

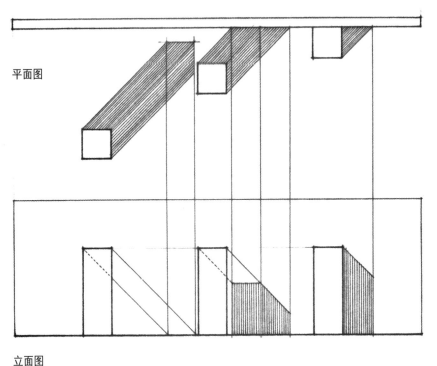

平面图

立面图

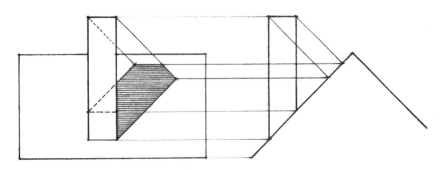

- 一个实体的阴影是以实体阴线的影子作为边界。实体的影子最好从确定形体上重要点的影子开始，例如直线的端点和曲线的切点。

- 注意，当平行线在同一个平面上或在两个平行平面上落影时，其影子也彼此平行。
- 垂直于投影面的直线在这个面上的正投影是一个点。无论承影面是什么形状，直线的影子在这个表面上的投影都表现为一条直线。

在阐释投影的相对深度、表明建筑形体是突出还是凹陷的同时，阴影也能够模拟起伏效果和表面质地。

- 最简单常用的方式是使用一个灰色调、细腻质地的平坦区域用以表示阴影。
- 另一种替代方法是强化材料的质地纹理和图案，这样可以使我们不丧失对处于阴暗区域或承影面之中的材质感。

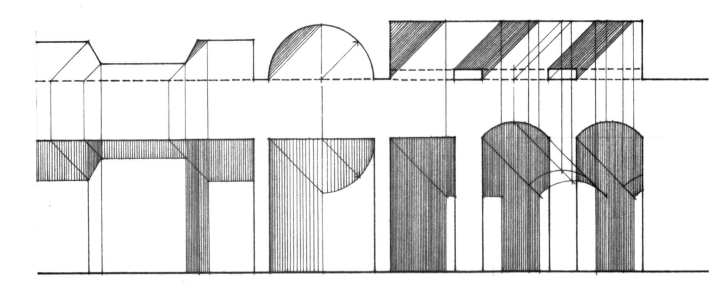

在场地平面图中使用阴影可以反映建筑群中建筑物的相对高度，
并且揭示承影的地面的自然地形。

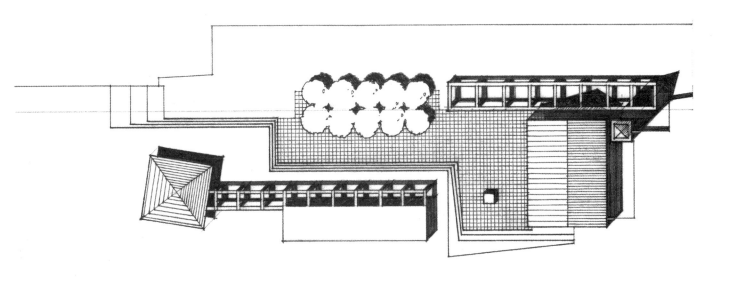

• 投射影子的目的不是渲染特定时间点日照的
真实情况。相反，投射影子只是表明地面以
上建筑各个部分的相对高度。

• 阴影深度的变化揭示了建筑高度的增加或是
地面坡度的抬升。

• 在建筑平面图与剖面图中并不经常使用阴
影。但是，它们可以用来强调剖切到的元素
以及空间中物体的相对高度。

• 在建筑剖面图中，影子阐明立面图中可见的
剖切到的元素的投影。

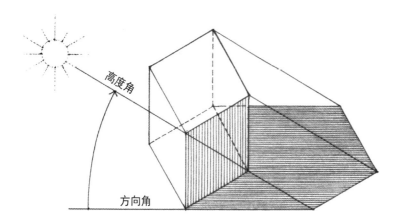

轴测视图 Paraline Views

阴暗与阴影并不经常在轴测绘图中使用。然而，它们能够有效地用于区分水平的和垂直的元素以及这些元素外形的三维特性。

- 在轴测视图中构想光线、阴线、落影的三维空间关系相对简单，这是因为轴测视图的图面性质，同时显示三个主要的空间轴。
- 在轴测绘图中，平行光线与其方向角的方向保持平行。

为了在轴测绘图中构建阴影，有必要假设出一个光源及光线方向。在构图和表达方面，确定光线方向是个难题。必须记住，落影是要表明而不是搞乱形体的特性及其空间关系，这点是非常重要的。

有时，我们需要确定光线、阴暗和阴影的真实情况。例如，当研究太阳辐射和影子的样式对热舒适度及节能的影响时，有必要运用一年中在特定日期和时间的太阳实际角度勾画出阴影。

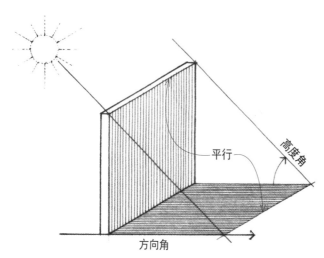

- 为了简便地绘制出阴影，光线的方向经常平行于绘图平面，它们可以从左侧或右侧照过来。
- 因此，在绘图平面中光线的高度角是真实的高度角，其方向角的方向保持水平。
- 尽管是设计的阴影深度决定了光线的高度角，但在使用45°、30°-60°三角板起草阴影图时，我们常以45°、30°或者60°的角度作为光线的高度角。

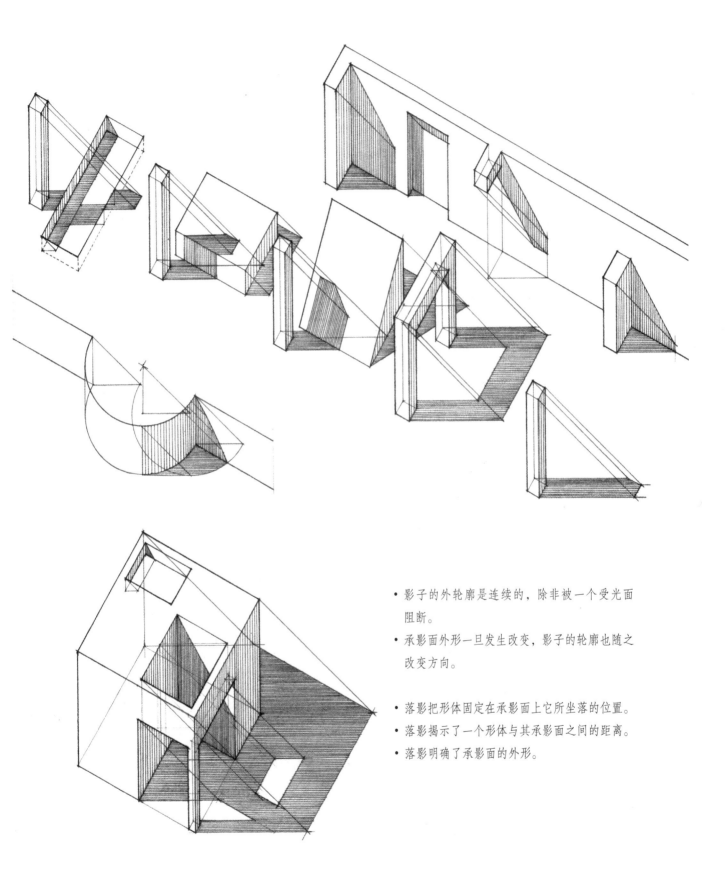

- 影子的外轮廓是连续的，除非被一个受光面阻断。
- 承影面外形一旦发生改变，影子的轮廓也随之改变方向。

- 落影把形体固定在承影面上它所坐落的位置。
- 落影揭示了一个形体与其承影面之间的距离。
- 落影明确了承影面的外形。

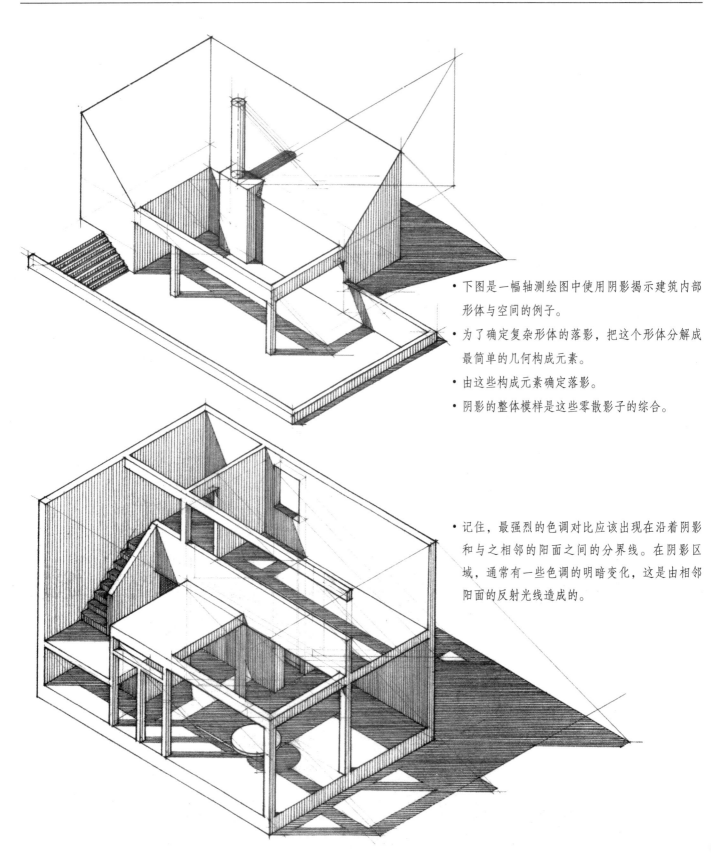

- 下图是一幅轴测绘图中使用阴影揭示建筑内部形体与空间的例子。
- 为了确定复杂形体的落影，把这个形体分解成最简单的几何构成元素。
- 由这些构成元素确定落影。
- 阴影的整体模样是这些零散影子的综合。

- 记住，最强烈的色调对比应该出现在沿着阴影和与之相邻的阳面之间的分界线。在阴影区域，通常有一些色调的明暗变化，这是由相邻阳面的反射光线造成的。

透视图　Perspective Views

除非当代表着常规或真实光线的斜线与绘图平面倾斜的时候表现为汇聚于一点，在直线透视图中阴影的投影与在轴测绘图中绘制阴影是相似的。

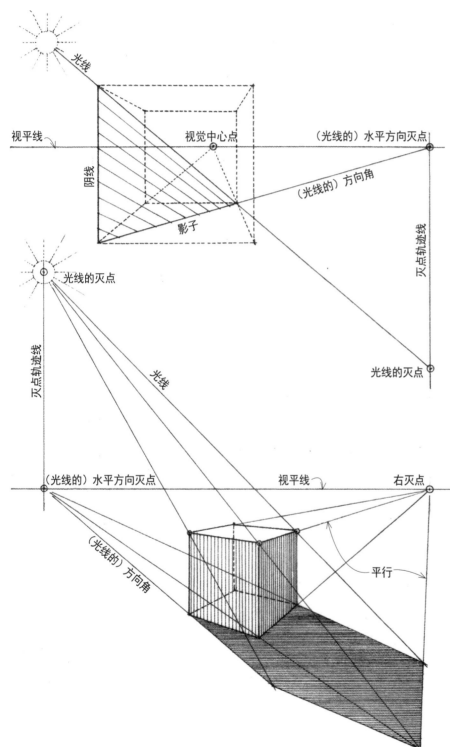

- 为了确定倾斜光线的灭点，在透视图中为垂直阴线构建一个三角形阴影平面，三角形的斜边确定光线的方向，三角形的底边表示光线方向角的方向。

- 因为光线的方向角方向是水平线，它们的灭点（VP）必须出现在视平线（HL）上的某个位置。

- 经过灭点（VP）建立一条灭点轨迹线。

- 延长三角形的斜边直到它与这条灭点轨迹线相交。这个交点代表了光线的源头，当光源在观察者前面时，这个交点高于视平线；当光源在观察者后面时，这个交点在视平线以下。

- 我们身后的光源照亮了我们看到的表面，并且向远离我们的方向落影。

- 我们面前的光源向我们所处的方向落影，并且强调形体背光表面处在阴暗区里。

- 低角度光源使影子拉长，而高角度的光源使影子缩短。

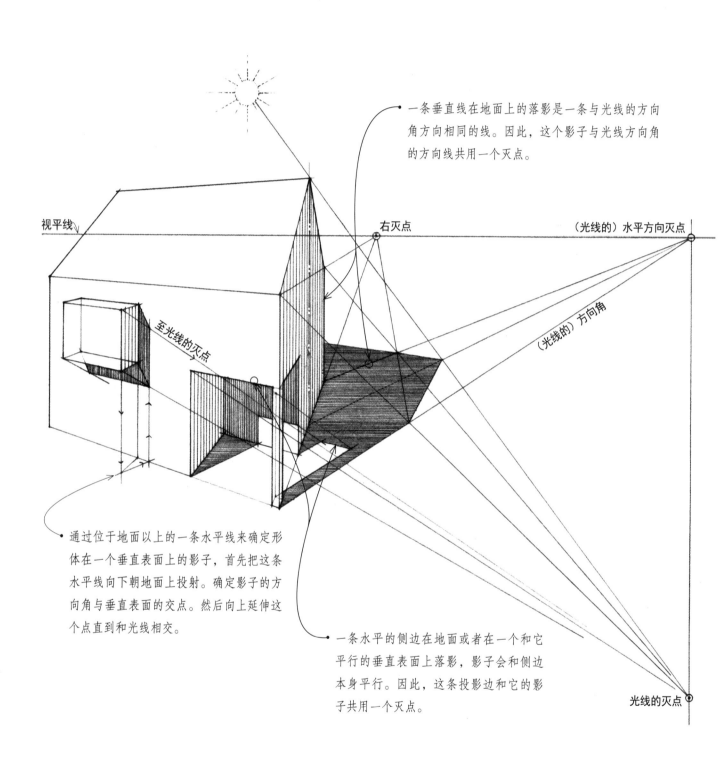

一条垂直线在地面上的落影是一条与光线的方向
角方向相同的线。因此，这个影子与光线方向角
的方向线共用一个灭点。

视平线

右灭点

（光线的）水平方向灭点

至光线的灭点

（光线的）方向角

通过位于地面以上的一条水平线来确定形
体在一个垂直表面上的影子，首先把这条
水平线向下朝地面上投射。确定影子的方
向角与垂直表面的交点。然后向上延伸这
个点直到和光线相交。

一条水平的侧边在地面或者在一个和它
平行的垂直表面上落影，影子会和侧边
本身平行。因此，这条投影边和它的影
子共用一个灭点。

光线的灭点

在两点透视图中，绘制落影最简单的方法是假想光线的方向平行于绘图平面，从左侧或右侧照射过来。你可以使用45°三角板确定光线的方向并且绘制透视图中垂直元素的投影。

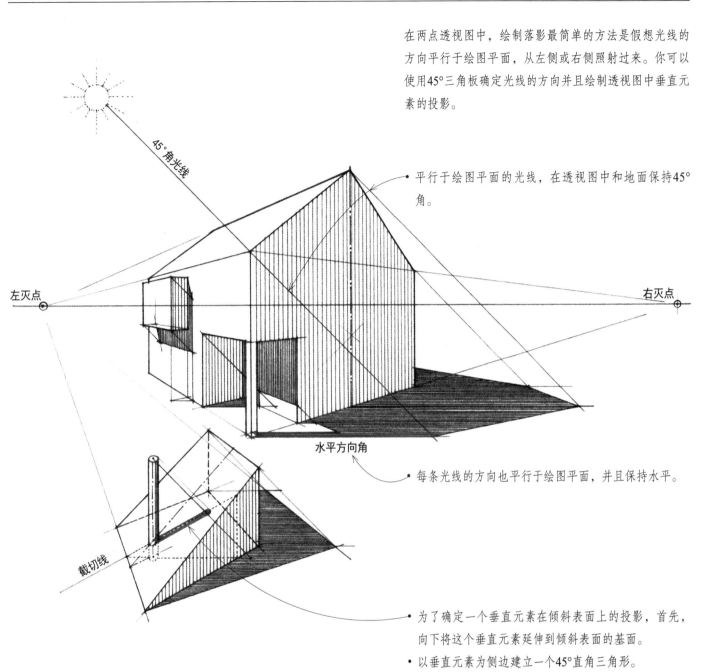

45°角光线

左灭点　　　　　　　　　　　　　　　　　　　　　　右灭点

水平方向角

截切线

● 平行于绘图平面的光线，在透视图中和地面保持45°角。

● 每条光线的方向也平行于绘图平面，并且保持水平。

● 为了确定一个垂直元素在倾斜表面上的投影，首先，向下将这个垂直元素延伸到倾斜表面的基面。

● 以垂直元素为侧边建立一个45°直角三角形。

● 沿着这个三角形平面截切这个倾斜表面。

● 影子落在截切线上，并且在45°直角三角形的斜边上终止。

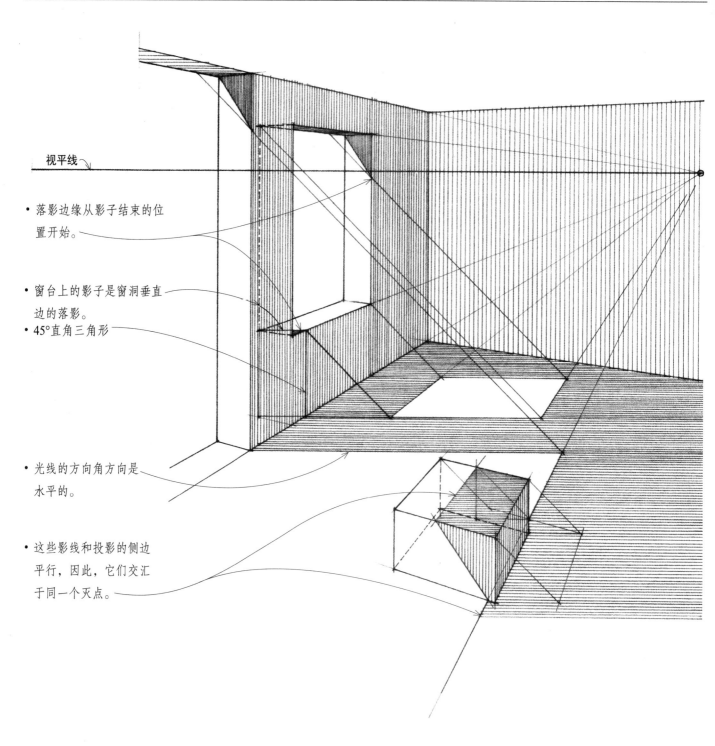

视平线

- 落影边缘从影子结束的位
  置开始。

- 窗台上的影子是窗洞垂直
  边的落影。
- 45°直角三角形

- 光线的方向角方向是
  水平的。

- 这些影线和投影的侧边
  平行，因此，它们交汇
  于同一个灭点。

8 环境渲染
Rendering Context

因为我们要设计和评估建筑物与其周围环境的关系，所以综合设计方案图的背景是很重要的一环。在每一种主要绘图系统中，我们通过延伸地面线与平面来涵盖毗邻建筑物和场地特点。除了自然环境外，我们应该指明囊括了人物和家具陈设的空间尺度和用途。我们也可以尝试通过陈述光线的品质、材料颜色和质地、空间的尺度和比例或者细节的累积效果来描绘某一场所的环境氛围。

需要将图纸的观察者与图中的人物形象联系起来，从而将他们也纳入场景中，因此，在绘制建筑物和城市空间时，我们要把人物包括进去，从而：

- 反映空间的尺度。
- 指明空间的用途或行为活动。
- 表达空间的深度和水平的变化。

尺度

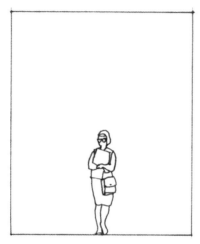

需要考虑绘制人物时的重要方面是：
- 尺寸
- 比例
- 活动

尺寸 Size

- 在正投影图中，无论投影图中各个元素的深度是多少，诸元素的高度和宽度是不变的。因此我们可以简单地把正常身高比例的人物绘制在立面图和剖面图中。
- 我们也可以在轴测视图中按比例来缩放人物的大小。尽管视图是三维的，然而，这些人物应该有一定的浑圆度来表明其体积。

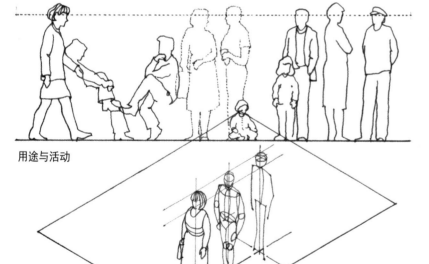

用途与活动

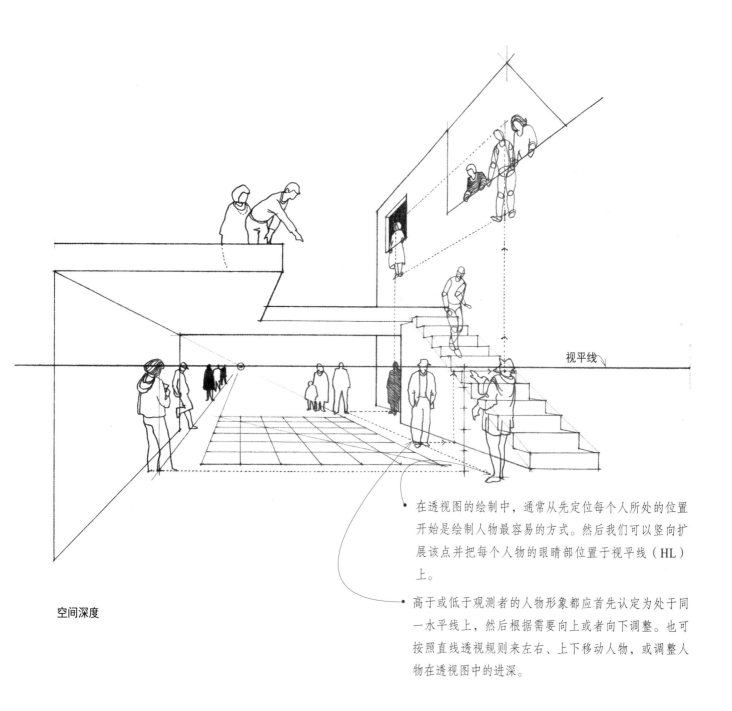

视平线

空间深度

在透视图的绘制中，通常从先定位每个人所处的位置开始是绘制人物最容易的方式。然后我们可以竖向扩展该点并把每个人物的眼睛部位置于视平线（HL）上。

高于或低于观测者的人物形象都应首先认定为处于同一水平线上，然后根据需要向上或者向下调整。也可按照直线透视规则来左右、上下移动人物，或调整人物在透视图中的进深。

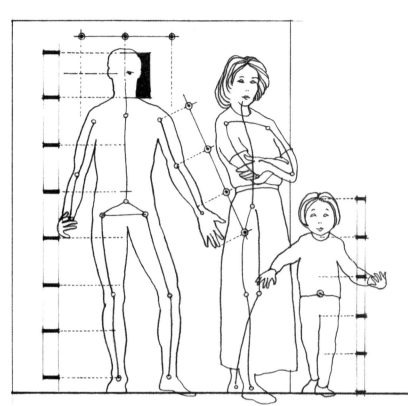

比例 Proportion

我们用来植入绘图平面的人物应该与环境的比例协调。因此，我们需要采用适宜的大小和比例来绘制人物。

• 首先我们设定每个人物的高度，然后再定好各部分的比例，最关键的是头部的大小。假如我们可以把站立的人七等分或八等分，头部相应地占身体高度的$1/7$或$1/8$。

• 我们应该避免在正视图中把人物画得平平的，像纸板剪裁出的一样。相反，应当赋予人物体积感，尤其是在轴测图和透视图中。

• 当要绘制一个坐在板凳或椅子上的人的时候，通常最好先画一个站在板凳或椅子旁边的人，然后再按照相应的比例画一个坐着的人。

• 每个人物的姿势可通过关注人体脊椎的轮廓和身体支撑点来确定。

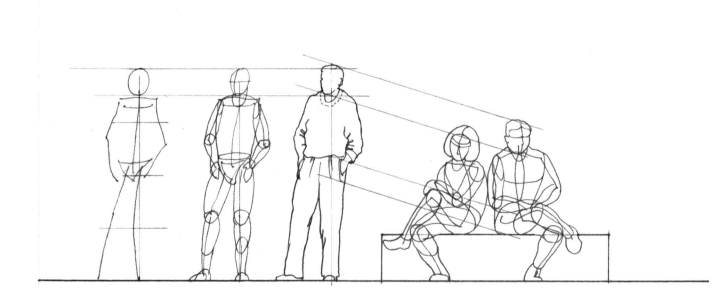

活动 Activity

图画中的人物应能表达出人在该空间中的活动并与该场景相宜协调。我们绘制人物时应该回答的基本问题是：在这个房间（或空间）里会发生什么样的活动？

- 人物群组或者单独个体都应该与该场所的尺度与活动内容相适应。
- 人物不应该被置于他们可能遮挡重要空间特质或是会分散视觉焦点的位置。
- 使用重叠法，以传达空间的深度。

- 人物的穿着应得当，同时避免可能分散视觉焦点的不必要细节。
- 描绘人物的风格应该与该图其他部分的风格相一致。
- 在适当的位置，应该借助人物的双臂与双手来表示他们的姿势。

- 重要的是应该有耐心，我们每个人都必然能培养起自己的绘画风格。

数码人物 Digital Figures

我们可以通过图像加工软件处理照片或检索在线资源
的方式来创建数码人物。在建筑环境中可采用与手绘
相同的原理来控制数码人物的尺度、服装、位置和姿
势。

能制作出栩栩如生的人物图像是很有吸引力的。记
住，我们在建筑制图中的图画风格不应该分散或削弱
想要表达的建筑主题。这些人物应该有相似的抽象程
度并与图面设置的风格相一致。

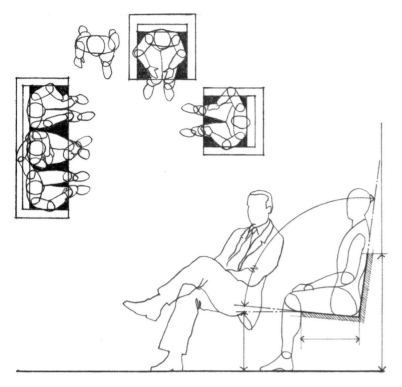

家具陈设的类型和布局是人在空间中使用与活动的重要指标。它们的位置应该能提示我们有哪些地方可坐、可倚靠，能放置我们的胳膊或脚，或者仅仅是能够触摸而已。

- 把家具和人物画在一起有助于建立它们的尺度感并保持每一部分合适的比例。

- 除非家具属于设计方案中的对象，否则应该以经济实用、设计优良者作为样品。

- 我们应该从各部分的基本几何形式来着手。

- 一旦建立起形体的结构框架，我们就可以进一步表达材质、厚度与细节。

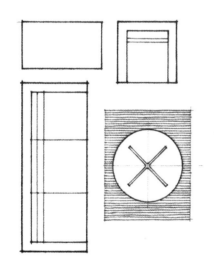

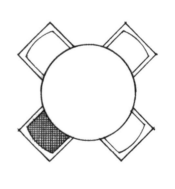

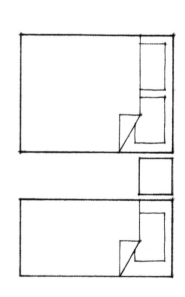

• 平面图上的家具应该画得简单些，以免
  冲淡重要的实体和虚空的表达。

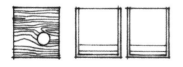

数字图书馆　Digital Libraries

许多CAD程序和建模程序都包括现成的家具图库或模板，
可以很容易地复制、调整大小，并直接插入图中。

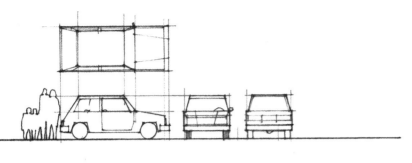

我们使用轿车、卡车、客车，甚至自行车等各种车辆来表示外部场景中的道路和停车区。

- 车辆的位置和尺度必须符合实际。
- 把车辆与人物绘制在一起有助于建立它们的尺度感。
- 应尽可能使用实际的模型。
- 画图时，我们可以从车辆的基本几何形式来着手。
- 如果我们绘制车辆的细节太多，就容易无意间干扰和削弱了绘图的焦点。

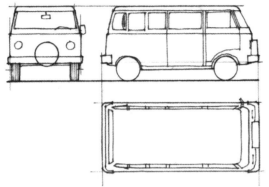

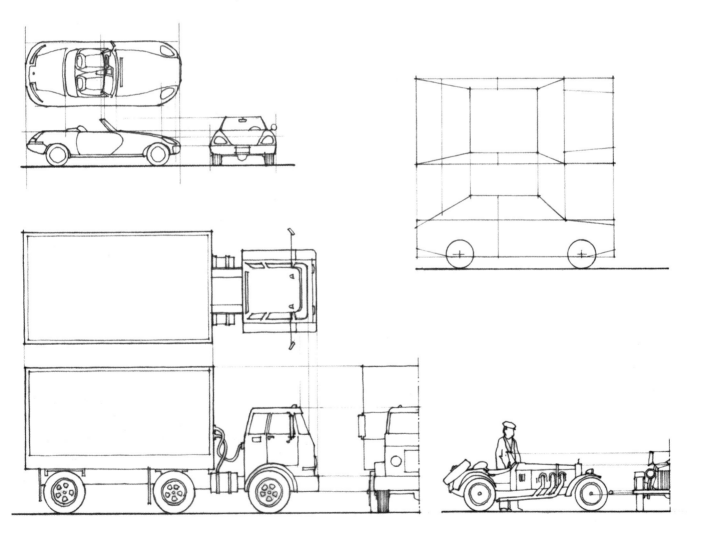

另一个表达设计背景的机会是绘制景观元素。
这些景观元素包括：

- 自然植物，如树木、灌木和植被。
- 外部构筑物，如平台、铺地和防护墙体。

有了这些景观元素，我们可以：

- 表达一个场地的地理特征

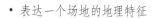

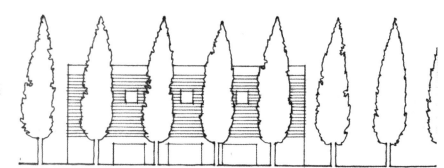

- 标识出建筑的规模

- 形成框景

- 限定室外空间

- 引导移动

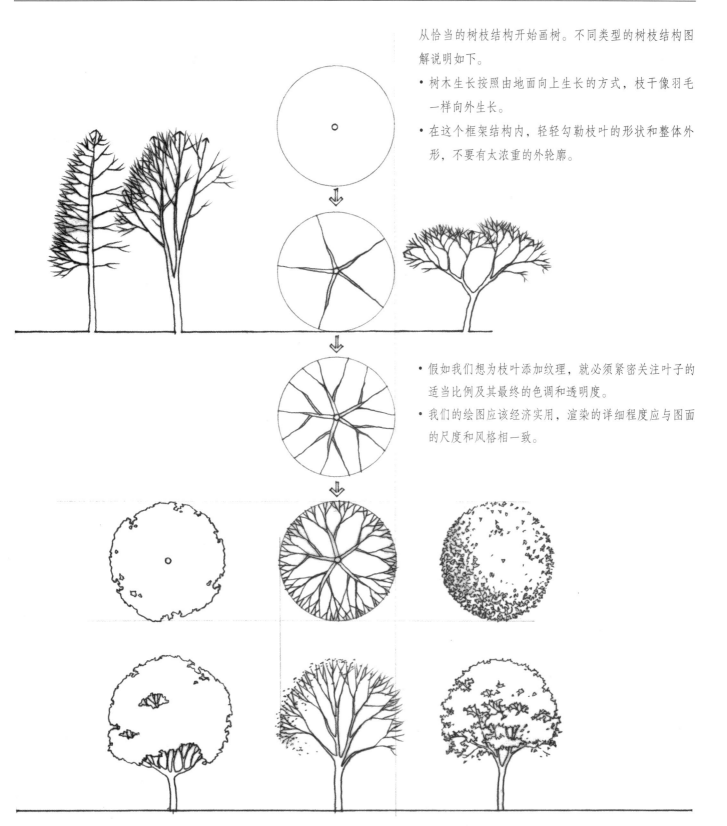

从恰当的树枝结构开始画树。不同类型的树枝结构图解说明如下。

- 树木生长按照由地面向上生长的方式，枝干像羽毛一样向外生长。

- 在这个框架结构内，轻轻勾勒枝叶的形状和整体外形，不要有太浓重的外轮廓。

- 假如我们想为枝叶添加纹理，就必须紧密关注叶子的适当比例及其最终的色调和透明度。

- 我们的绘图应该经济实用，渲染的详细程度应与图面的尺度和风格相一致。

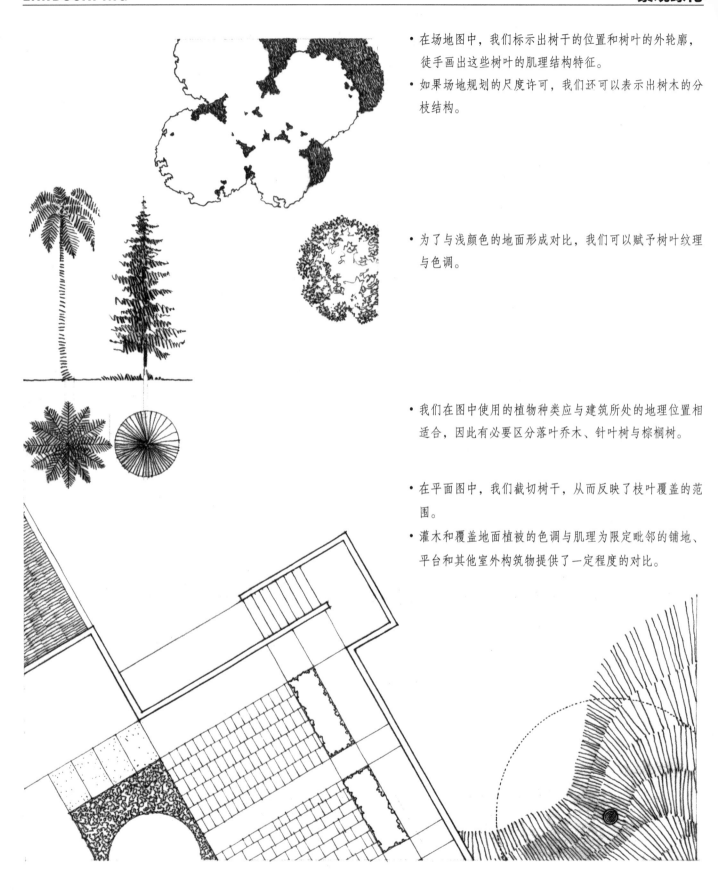

- 在场地图中，我们标示出树干的位置和树叶的外轮廓，徒手画出这些树叶的肌理结构特征。
- 如果场地规划的尺度许可，我们还可以表示出树木的分枝结构。

- 为了与浅颜色的地面形成对比，我们可以赋予树叶纹理与色调。

- 我们在图中使用的植物种类应与建筑所处的地理位置相适合，因此有必要区分落叶乔木、针叶树与棕榈树。

- 在平面图中，我们截切树干，从而反映了枝叶覆盖的范围。
- 灌木和覆盖地面植被的色调与肌理为限定毗邻的铺地、平台和其他室外构筑物提供了一定程度的对比。

我们要特别留意所绘制的立面图和剖面图中树木的
适当尺度。与往常一样，应根据建筑的地理位置选
择适当的树木类型。

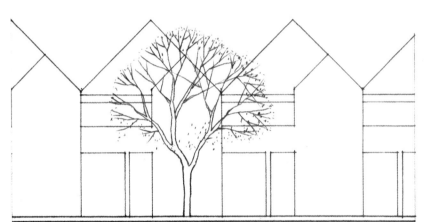

- 在小尺度的立面图中，我们绘制出部分可见的树干
  并简单勾勒出树叶的轮廓。徒手绘出轮廓并赋予树
  叶质地纹理感。

- 为了对比重叠在一起的树叶明暗色调或背景形式，
  我们可以赋予树叶对比性的质地纹理与色调。

- 假如绘图尺度允许并且需要高透明度，我们可以简
  单绘制树木的分枝结构。树叶的轮廓可以用点状线
  或者轻轻的徒手线条来表示。

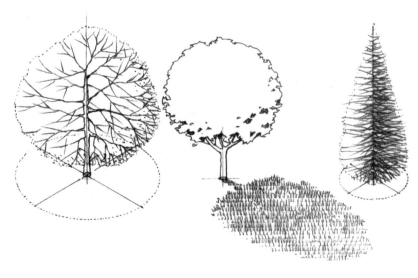

- 在轴测绘图中，树木应该有三维的特质以符合轴测
  绘图的制图原则。

在透视图中，我们运用空气透视原理来处理树木和景观元素。前景元素通常具有较深的颜色、较高的饱和度及较大的色调对比度。随着景观元素所处位置渐远，它们的颜色变得更浅、更柔和，色调对比度更小。在背景中，我们主要看到以灰色调为主的、色彩柔和的外形。

• 处于前景中的树木和其他景观元素的对比强烈，有时可以简单地用相互衔接的轮廓线来表示。

• 中景通常是一幅透视图的焦点。因此这一区域需要更多的细节和更大的色调对比。

• 透视图的背景需要弱化的细节、明快的色调与柔和的对比。树木和景观绿化仅仅以色调和纹理外形来表现。

图像处理软件提供了操控真实场景与风景摄影图片的手段，并且用于描绘建筑设计方案的背景。

与人物数码照片一样，图像加工软件制作树木和其他景观要素逼真图像的能力也很吸引人。要牢记绘制出的场地图形风格与背景要素不应相互干扰或削弱建筑主题。这些图形描述应该与图面场地风格相一致并有着同等的抽象程度。

- 应该将水体作为一个水平面加以渲染。
- 我们运用水平线条：草图线表示静止的水，徒手波浪线表示流动的水体。
- 表面颜色浅的物体应该比水体的颜色更浅。
- 同样，表面颜色深的物体的倒影应该比水体的颜色更深。

- 反射面的色调值以及表面区域范围内反射影像的色调值相应地由图面上其他区域的色调值决定。

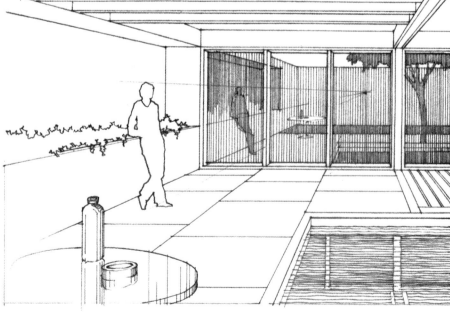

9 建筑表现

Architectural Presentations

我们通常认为，表现图是指那些被冠以"设计图纸"这类术语的绘图。这些绘图以一种图形化的方式描述设计方案，目的是说服听众和观众认同其价值。听众、观众可能是一位客户、一个委员会，或者仅仅是浏览构思的某个人。无论表现图是以私下交流的方式来帮助客户发挥想象力，还是以公开竞赛的方式用以获取委托项目，它们都应尽可能清晰准确地表达出设计意图的三维特征。尽管图纸所包括的表现图可能是值得展览的优秀二维图形，但它们是用来进行交流设计理念的工具，而不只是简单的图纸本身。

除非表现图容易理解并且有说服力（它们的设计意图、内涵容易理解并有实质意义），否则表现图将是缺乏说服力和无效的。一张有效的表现图应具有重要的普遍特征。

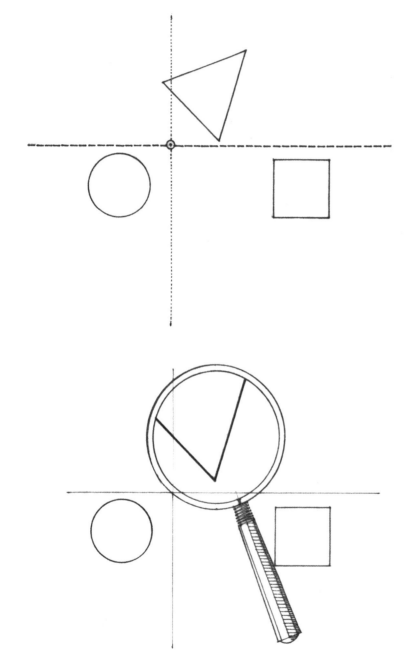

观点 Point of View

要明确设计意图。一张表现图应该表达出设计方案的中心思想或理念。尤其当图形和文字说明在视觉上与常用的设计绘图类型相关联时，它们更是沟通与阐述设计方案内容的有效方法。

效率 Efficiency

图纸要经济有效。一张有效的表现图会使用经济实用的表现手段，仅使用表达意图所必需的交流方式。表现图中的图形元素会分散注意力，掩盖表现图的设计意图与目的。

明晰 Clarity

表达清晰。至少，表现图应清晰详尽地解读一项设计，使不熟悉的观众能够理解方案的意图。应消除意外的干扰，例如含混不清的图—底关系或不合适的图纸分类。大多时候，因为我们知道自己想表达什么，于是对这些小问题视而不见，以致无法以一种客观的态度来看待我们的作品。

精确 Accuracy

避免出现歪曲或错误的信息。表现图应能准确地模拟可能的现实和未来行动的结果，从而使在该信息基础上所作出的任何决策都是合情合理的。

统一 Unity

组织严密。在一张有效的表现图中，任何部分都应该协调一致，不能削弱整体感。统一不应与单调一致相混淆，这取决于：

- 对于图文并茂信息富有逻辑性的广泛安排。
- 根据表现图的设计，综合运用适用于设计、场所和观众的格式、尺度、媒介与技术。

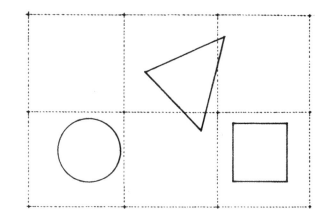

连续 Continuity

表现图中的每个组成部分都应与它的前后内容相关联，强化表现图中的其他部分。

统一性和连续性的原则是相互支持的，两者互为前提而存在。一个因素必然会加强另一个因素。然而，同时我们可以通过对重要元素和支持性元素的定位和节奏来聚焦方案的核心意图。

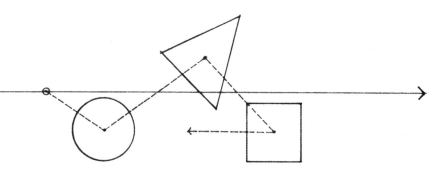

单张绘画无法全面阐明一项设计。只有通过相关绘图的协调配合才能展现一项设计的三维外形与特点。为了解释和明确那些图纸难以表达的方方面面的情况，我们可借助于示意图、图标、标题和文本。因此在任何设计表现图中，我们要认真规划以下所有要素的顺序和布局。

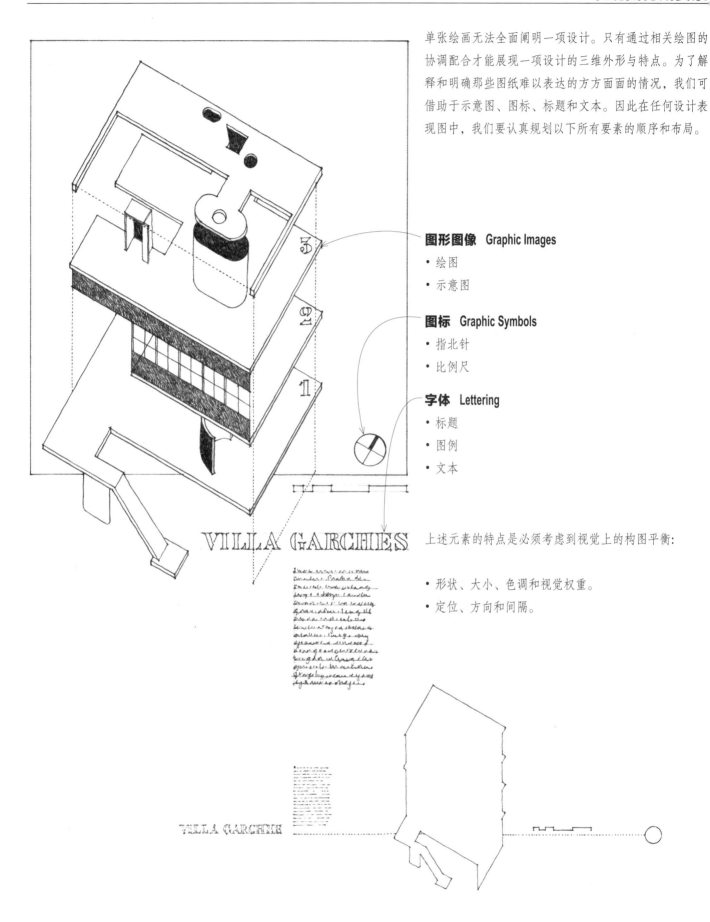

图形图像 Graphic Images

- 绘图
- 示意图

图标 Graphic Symbols

- 指北针
- 比例尺

字体 Lettering

- 标题
- 图例
- 文本

上述元素的特点是必须考虑到视觉上的构图平衡：

- 形状、大小、色调和视觉权重。
- 定位、方向和间隔。

通常我们按照从左到右、从上到下的顺序审视方案。幻灯片和电脑演示涉及时间上的先后顺序。无论何种情况，被展示对象的图形信息都要按从小到大、从整体（或宏观）到个别的顺序。

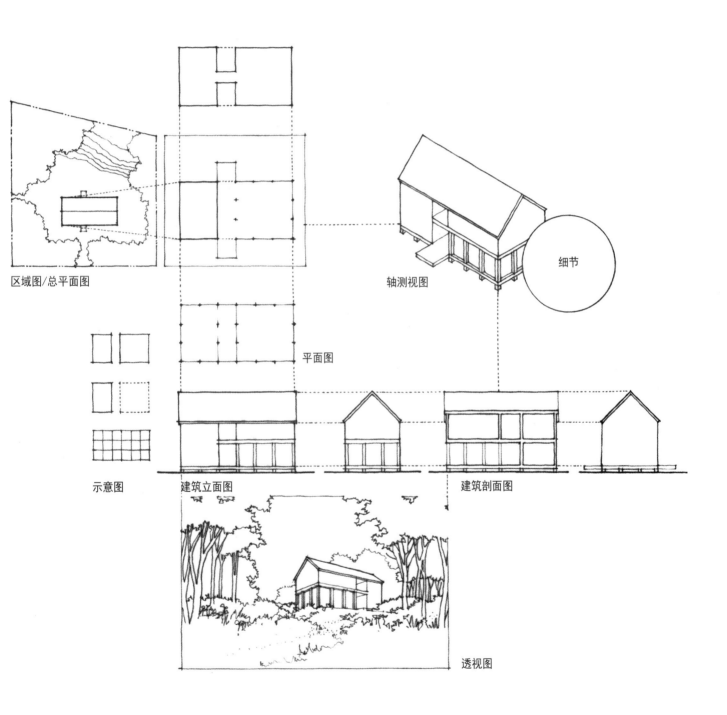

区域图/总平面图

平面图

轴测视图

细节

示意图

建筑立面图

建筑剖面图

透视图

图纸的顺序和排布应该强调它们的设计关系。

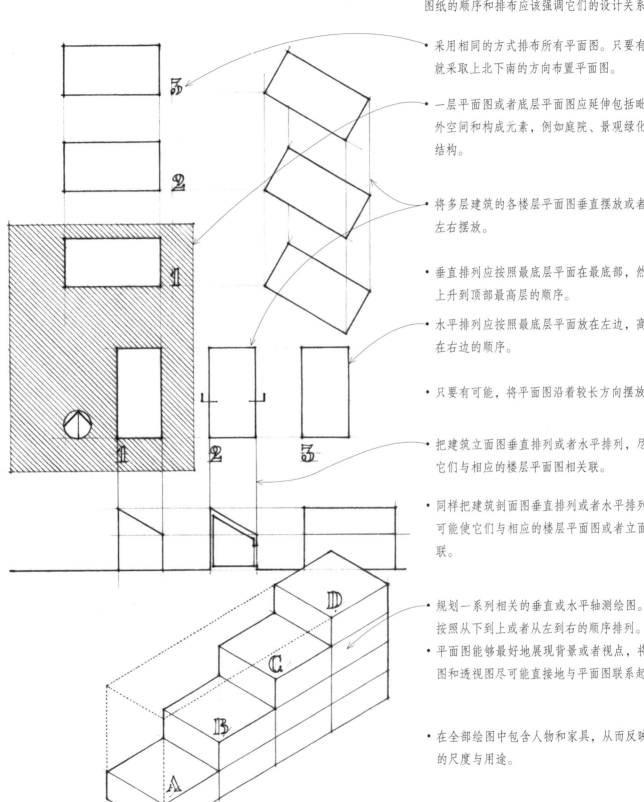

- 采用相同的方式排布所有平面图。只要有可能，就采取上北下南的方向布置平面图。

- 一层平面图或者底层平面图应延伸包括毗邻的户外空间和构成元素，例如庭院、景观绿化和园林结构。

- 将多层建筑的各楼层平面图垂直摆放或者水平地左右摆放。

- 垂直排列应按照最底层平面在最底部，然后依次上升到顶部最高层的顺序。

- 水平排列应按照最底层平面放在左边，高层依次在右边的顺序。

- 只要有可能，将平面图沿着较长方向摆放。

- 把建筑立面图垂直排列或者水平排列，尽可能使它们与相应的楼层平面图相关联。

- 同样把建筑剖面图垂直排列或者水平排列，并尽可能使它们与相应的楼层平面图或者立面图相关联。

- 规划一系列相关的垂直或水平轴测绘图。每个图按照从下到上或者从左到右的顺序排列。
- 平面图能够最好地展现背景或者视点，将轴测绘图和透视图尽可能直接地与平面图联系起来。

- 在全部绘图中包含人物和家具，从而反映出空间的尺度与用途。

设计绘图通常表现为相关的一系列或一组图形。典型的例子包括多
层建筑的一系列平面图或一组建筑立面图。这些单张图纸的间距和
排列方式以及它们相似的形状和处理方法，是决定我们把这些图纸
理解为一组相关信息的集合或单独个体的关键因素。

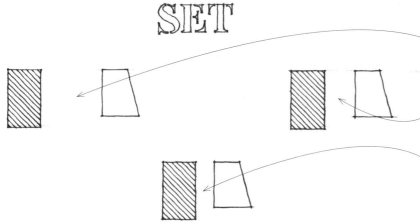

- 使用白色空间和直线排列方式来加强表现图中图
  形与文字的信息。若非必要，不必将空白填满。

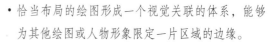

- 如果你希望对两张绘图分别加以阅读，它们之间
  的间隔应等于每张图与核心区域最近边缘的间
  距。

- 把两个图移近一些能使它们作为一个相关的整体
  被解读。

- 假如你把两个图移动得更近一些的话，它们会成
  为一张图而不是两张相关的图。

- 恰当布局的绘图形成一个视觉关联的体系，能够
  为其他绘图或人物形象限定一片区域的边缘。

- 线条可以发挥分隔、统一、强调和勾勒的作用。
  然而当间距或排列方式可以实现相同的目的时要
  避免使用线条。

- 方框可以在一片更大的区域或纸张与图板范围内
  划定出区域。但是请注意：使用太多的图形框会
  导致图—底关系不清晰。

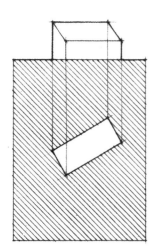

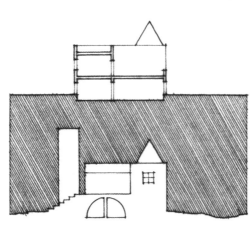

- 色调可以用来在一大片区域内限定一个区域。例
  如，一个立面图的暗背景可以与剖面图合并。一
  个透视图的前景可以成为建筑平面图的区域。

图标帮助读者识别绘图或表现图的不同方面与特征。

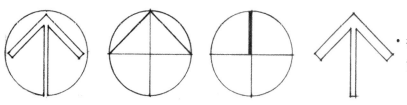

• 指北针指示了建筑平面图的主要地理方位，以便读者能够把握建筑物及其场地的方向。

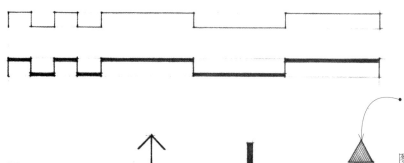

• 图形比例尺用渐变的直线或粗条代表成比例的大小尺寸。这些标度在放大或者缩小的绘图中特别有用，因为它们是按比例调整的。

• 剖面箭头表示平面图中截取的剖面位置以及观察方向。

图标依靠传统惯例来传达信息。为了容易识别和解读，让它们简单干净，远离无关的细部和繁文缛节。为了提高表现图的清晰性和可读性，这些图标也成为一幅完整构图或表现图的重要组成因素。图标和字体的影响效果取决于它们的尺寸大小、视觉权重和定位。

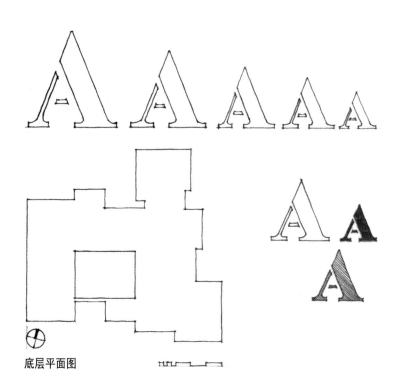

尺寸　Size
图标的大小应该与图面尺度及预期的观察距离相适应。

视觉权重　Visual Weight
图标的尺寸与色调决定了它的视觉权重。如果想使一个大符号或大字体易于辨识，但又不会因笔触过于精细的浓重色调而影响构图均衡，那可以使用轮廓符号或字母样式。

定位　Placement
使图标尽量靠近它们所指示的图。尽可能使用空白和直线排列方式来代替方框和图框所形成的视觉信息集合。

底层平面图

一种精心设计并且有效易读的字体可被用于压敏干式转印纸以及数字印刷当中。因此，应该多花点时间选用合适的字体，而不是试图设计新字体。

- This is an example of a SERIF TYPEFACE. Serifs enhance the recognition and readability of letter forms.

- This is an example of a SANS-SERIF TYPEFACE.

- CONDENSED TYPEFACES can be useful when space is tight.

- Lowercase lettering is appropriate if executed consistently throughout a presentation.

- 字体最重要的属性是易读。
- 我们应该使用适合于展示设计又不会分散注意力的字体。

- 衬线字体（Serifs）提高了字体的识别性与可读性。在同一个标题或正文中避免混合使用衬线字体与无衬线字体。

- 如果整个表现图的风格一致，适宜使用小写字母。
- 小写字母之间的区别更为明显，使得小写字母的文本比全部都是大写字母组成的文本更容易阅读。

- 通过判断读者观看表现图的距离来确定字体大小的范围。请记住，我们可能在不同的距离上识读到表现图的各个组成部分——项目概述、示意图、细节和文本等。

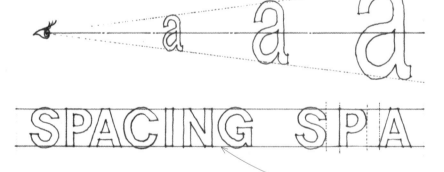

- 字母间距由字母外形的视觉平衡决定，而不是机械地测量每个字母末端之间的距离。

Lorem Ipsum is dummy text of the printing and typesetting industry. It has been the industry's standard dummy text ever since the 1500s, when an unknown printer took a galley of type and scrambled it to make a type specimen book.

It has survived not only five centuries, but also the leap into electronic typesetting, remaining essentially unchanged.

行间距
字间距

- 文字处理与页面排版程序能在文本的任何部分修改追踪、调整字母间距以及各类线条的方向与间距。

ABCDEFGHIJKLMNOPQRSTUVWXYZ　　&　　1234567890

ABCDEFGHIJKLMNOPQRSTUVWXYZ　　　　&　　　1234567890

- 控制线用来控制手写体的高度和行距。手写体的最大尺寸为 $3/16$ 英寸。超过这个大小，字体就超出了单纯钢笔或铅笔笔锋能表达的宽度。

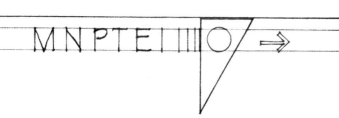

- 使用一个小三角板来保持垂直字母笔画的垂直度。采用直线绘图方式，在视觉上将打消针对倾斜字体移动的注意力。

BROAD PROPORTIONS A

NORMAL PROPORTIONS ABCI

NARROW PROPORTIONS ABCDEFGHI

- 保持一个标题或一行文本字母之间相同的比例。

- 每个人都不可避免地会形成带有个人风格的手写体。手写字体风格中最重要的是易读性及风格与字间距的一致性。

ABCDEFGHIJKLMNOPQRST

UVWXYZ　　&　　1234567890

表现图中的文字应仔细地合并到每张图纸或图板上。

绘制标题 Drawing Titles

将标题与图标安排在易于识别与解释图纸内容的视点体系集合上。按照惯例，我们经常把标题放在图纸的正下方。在这个位置上，标题有助于稳定绘图区域——特别是形状不规则的物体。使用对称布局来排版对称图形和设计方案。在任何情况下，一个垂直排布整齐的标题是比较容易识别的。

文本 Text

整理文本，形成视觉信息集合并把这些集合直接关联到它们所指示的绘图上。文本行距应超过字体高度的一半，但不要超过字体本身的高度。文本块之间的间隔应等于或大于两行文字的高度。

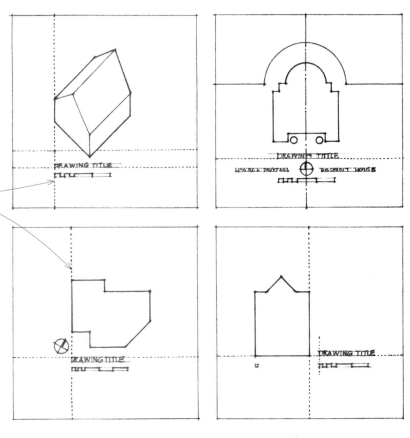

项目名称 Project Title

项目名称和相关信息应与整张图纸或者图板相关联，而不是版面内的任何单幅图。

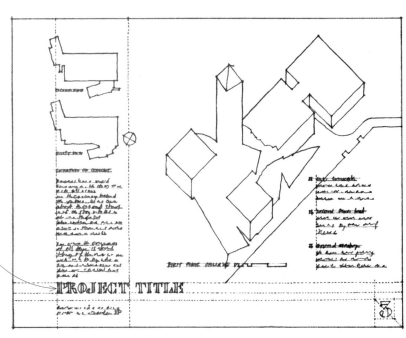

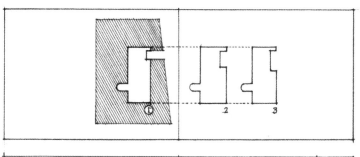

一系列相关的绘图可布置成垂直、水平或棋盘的形式。在规划表现图的排版布局时，首先确定你想要取得的最基本关系。在着手绘制最终表现图之前，使用一个脚本或小比例的演示样图来尝试各种不同的绘画布局、排列方式与空间组合。

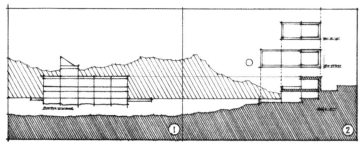

· 记得要摸索各类纸张或图板之间的内在联系。

· 通过地面线或者标题对齐来保持各张图的水平连续性。

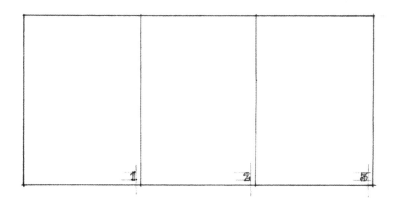

· 不要包含不必要的尺寸标注、边框或图签，我们把这些绘图习惯留到构造图或工程图中。

· 当表现图由多张图纸或者展板组成时，用数字加以区分。此类信息应标注在每张图的相同位置上。

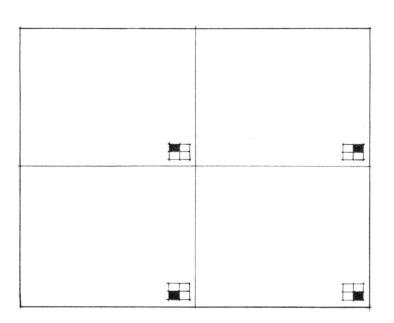

· 假如想以特定方式呈现一组表现图，你可以在展示中使用更多的图形表示方法来标识每个版面的相对位置。

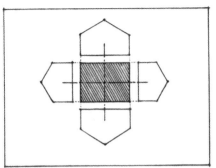

- 最好用对称布局的形式来排布对称方案。

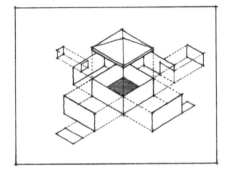

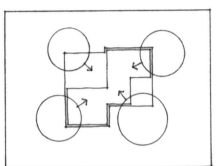

- 居中布局适用于呈现被立面围绕的一张平面图、四周被大比例大样图环绕的一张展开的轴测图或关键图。

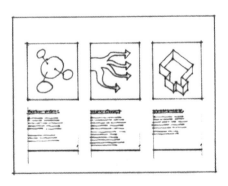

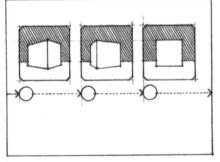

- 假如一系列绘图是以不同方式或不同风格绘制的，可以通过框架或图框以统一的方式整合它们。
- 我们可以水平布图，并在各幅图下面标注文本形成相关的专栏。

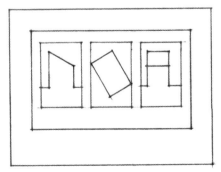

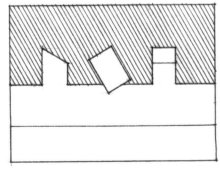

- 避免在一幅图中套用两到三个图框。这样做会使人们产生这个处于背景中的图像其本身带有背景的印象，注意力将会从图像转移到其周围的图框上。

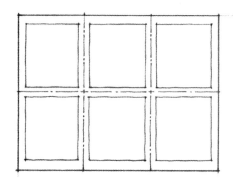
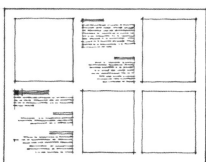

- 网格布局在图面或图板上为规划系列绘图和文本字块的布局提供了最大的灵活性。网格创建了秩序感，使大量不同的信息以一种统一的方式展现。

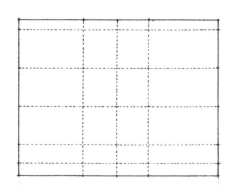
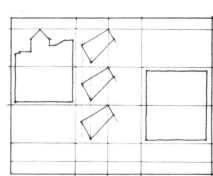

- 网格可能是正方形或长方形，规则的或不规则的。
- 我们可以在单独的图框或景框中展示绘图、示意图和文本。
- 一张重要的绘图可能会占据超过一个图框或景框的范围。

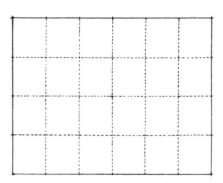
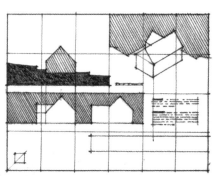

- 图形和文字可以一种有机的方式整合起来。

数码格式　Digital Formatting

绘图和页面排版程序使我们能够尝试不同的方法来安排
表现图的内容元素。但是，由于我们在显示器上看到的
结果可能与从打印机或绘图仪输出的效果不一致，应该
打印或绘制测试图以确保令人满意的结果。

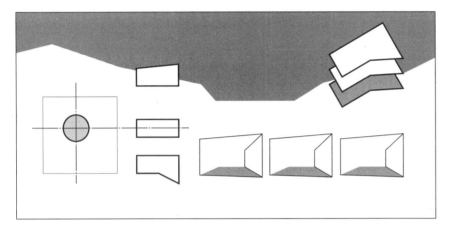

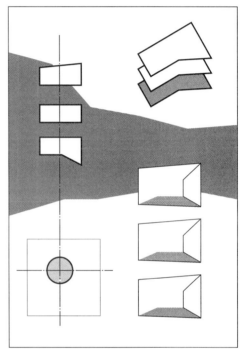

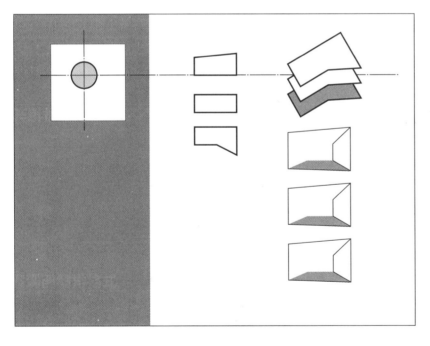

数码表现图　Digital Presentations

数字技术把时间因素与运动因素引入建筑表现图当中。表现图演示软件使我们能够设计并演示静态的图像及幻灯片。虽然我们可以在张贴着表现图的房间里漫步并沉思；但是我们却要在操作员的控制下一张张按顺序浏览电脑表现图。

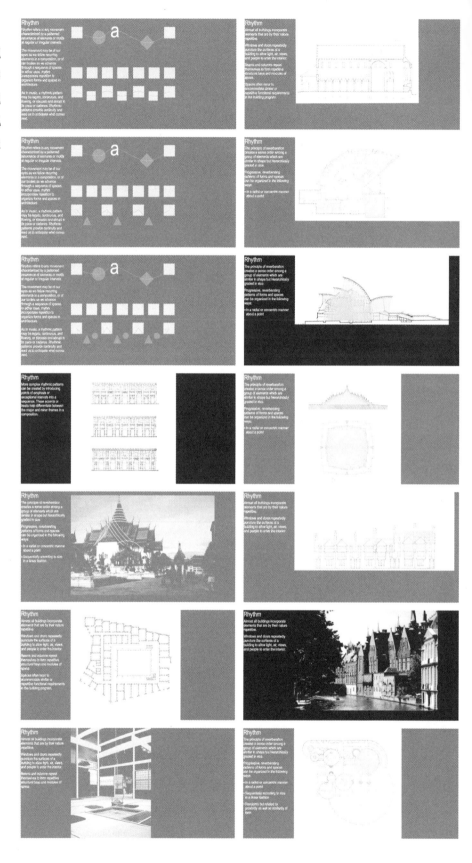

10 徒手绘图
Freehand Drawing

尽管数字图像处理技术迅速稳步地发展，但持钢笔或铅笔进行徒手绘画仍然是我们记录观察行为、思考与体验的最直观手段。直接针对感觉现象的触觉是徒手绘画时肌肉运动的特质加强我们当前的意识，使我们能够收集过去的视觉记忆。徒手画也使我们能够通过在头脑中形成的针对未来的可能想法自由地开展工作。在设计过程中，徒手画方案草图使我们可以进一步探讨这些想法并将其发展成可行的概念。

源于观察的绘画提高了我们对于环境背景的感知，培养了我们去观察和理解建筑要素及其相互关系。并且增强了我们去建立和保持视觉记忆的能力。通过绘图，我们能够以新鲜的方式感知环境，欣赏一个地方的独特性。

我们在观察中提取关注点，去理解、去记忆。

关注 To Notice

我们常常步行、骑车或者驾驶汽车经过日常的地方却没有关注它们。通过在一定位置上直接观察而绘画，帮助我们开始更多地感受到我们生活、工作和游戏的地方——建筑景观、建筑构建的城市空间以及这些空间滋养和维持的生活。

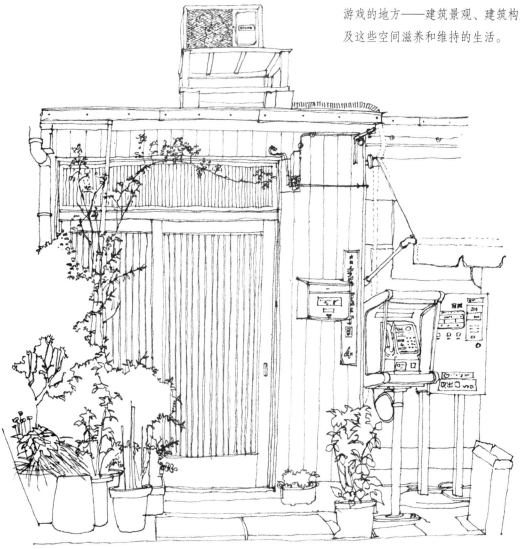

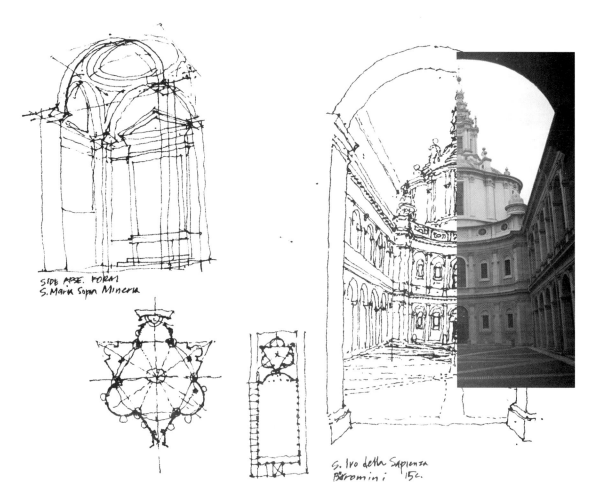

SIDE APSE. FORM
S. Maria Sopra Minerva

S. Ivo della Sapienza
Borromini 15c.

理解 To Understand

通过观察来绘画培养敏锐的视觉。不仅
仅是关注细节，而且还要关注它们如何
适应更大的结构、图案和形状的框架。
此外，除了解释我们的视觉系统所摄取
的光学影像外，绘画过程还包含可激发
想象的视觉思维，并帮助我们考虑构成
环境的二维模式和三维关系。

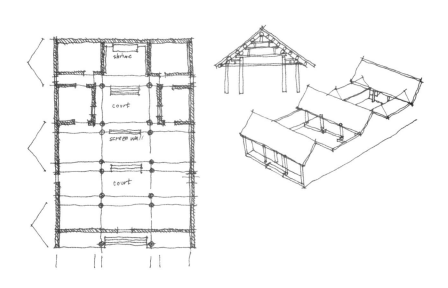

记忆 To Remember

绘画行为不仅培养我们的观察能力，这一过程还创造了一个
关于我们所看到和经历的场地和事件的图像记录。稍后重新
审视得到的图纸可以帮助我们唤起对于过去的记忆并把它们
带到当下再次玩味。

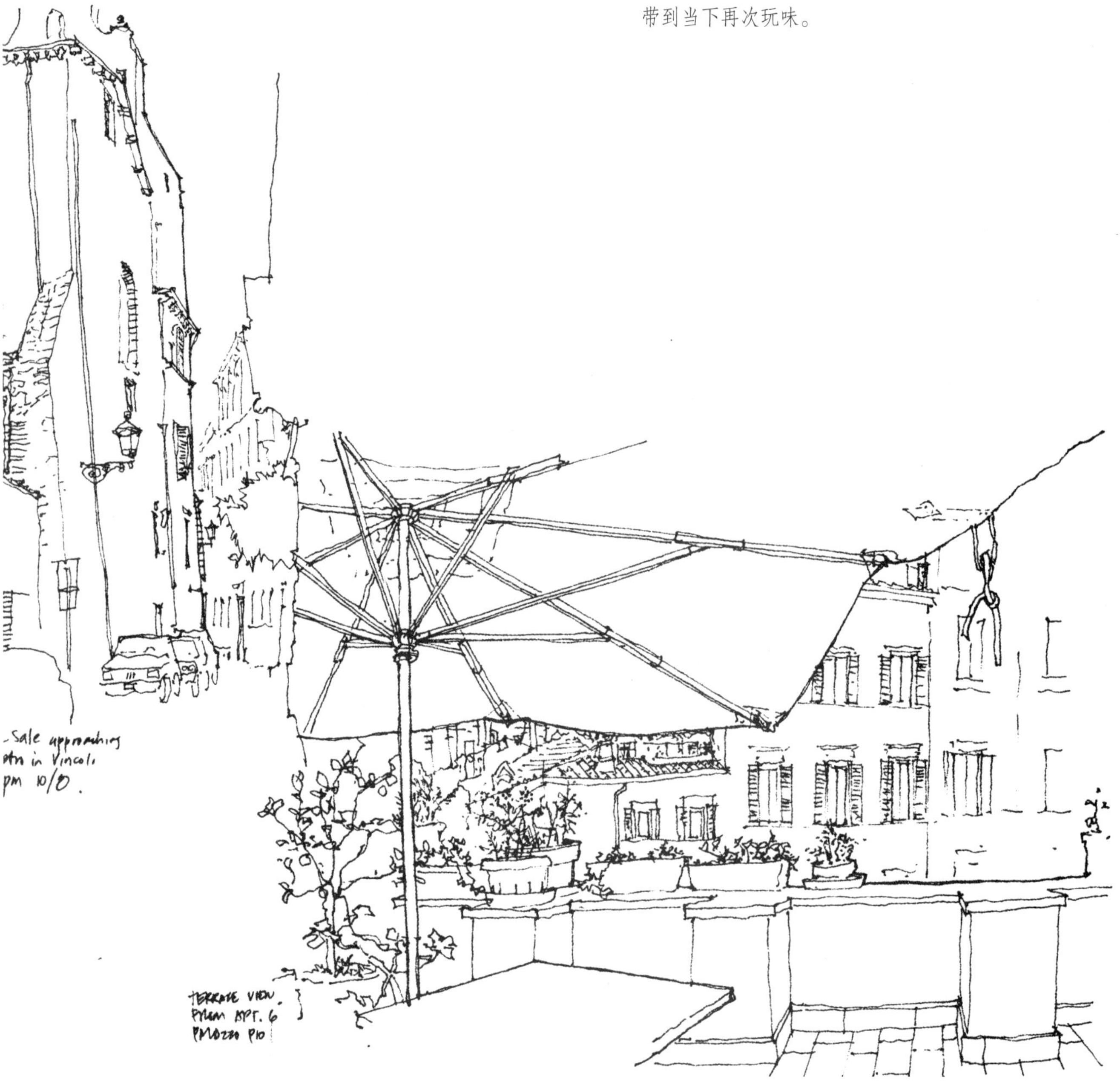

Sale approaching
Mn in Vincoli
pm 10/0.

TERRACE VIEW
PYLON APT. 6
PALAZZO PIO

通过观察来写生所需装备很简单：一支钢笔或铅笔，一个纸质笔记本或一本既适合干画又适合湿介质绘画的速写本。

你或许想要试验诸如炭铅笔和记号笔之类其他介质的体验和功能，尽量判断每种表现方式功能上的局限和它的特性如何影响一张图的性格。举个例子，你应该找到一支细尖钢笔或是铅笔帮助你关注细节，因为要填满一个特定的区域需要无数的细线，许多线条图比预期要小；或者如果尺寸较大的话，强度较弱。另一方面，用粗铅笔或记号笔素描以培育更广阔的视野并省略细节。

徒手草图可以由纯线条或者线条与调子复合而成。纯线条虽然简单，但也保留了绝大多数重要的图面要素，具有广泛的表现力，可以表现形状、形式，甚至有景深和空间感。一条线既可以刻画硬的，也能够描摹软的材料；既能够表现轻的，也能够表现重的材料；既能够表达松软，也能够表现绷紧的材料；既能够表现得很刚劲肯定，也能够看上去像是在试探。

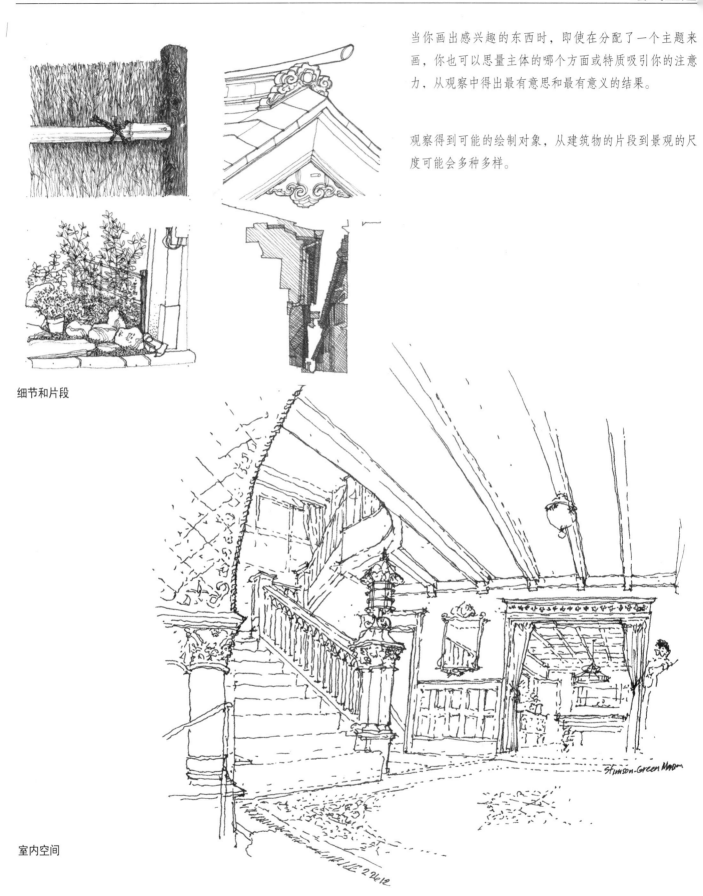

当你画出感兴趣的东西时，即使在分配了一个主题来画，你也可以思量主体的哪个方面或特质吸引你的注意力，从观察中得出最有意思和最有意义的结果。

观察得到可能的绘制对象，从建筑物的片段到景观的尺度可能会多种多样。

细节和片段

室内空间

Imperial Heavenly Vault of the Temple of Heaven
8·30·93.

建筑作为对象

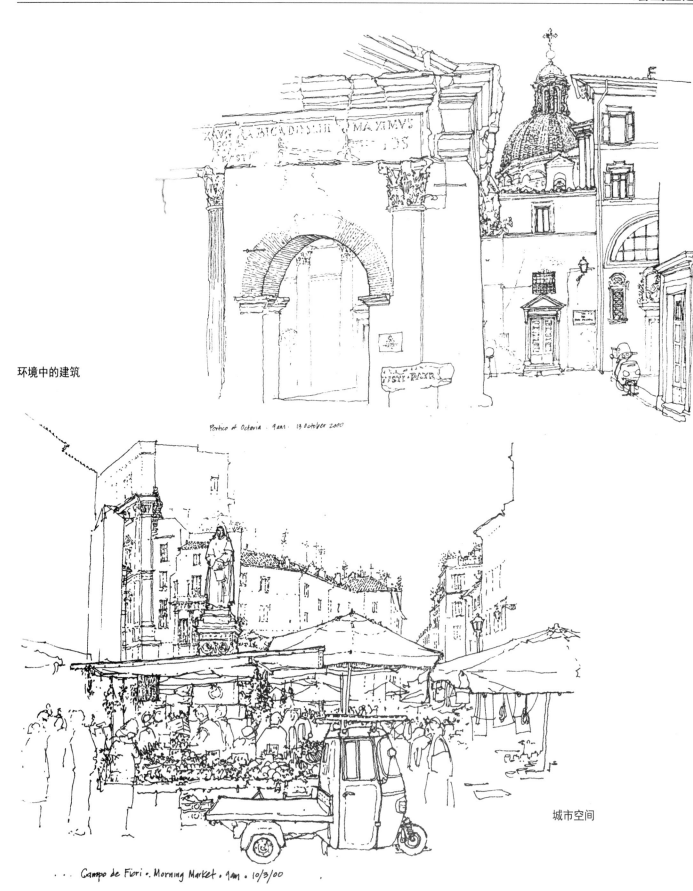

环境中的建筑

Portico of Octavia · 9am · 13 October 2000

城市空间

· · · Campo de Fiori · Morning Market · 9am · 10/3/00

Queen's Road Central.
+ Pottinger Street.
HK 9/8/93

城市生活

其他有价值的探索包括研究比例、尺度、光与色彩，研究材料如何在建筑中相遇以及其他与场地特质密切联系的合理特征。

Pacific Place 12.12.10
45mm.

垂直构图

当视觉系统展开一个场景时，我们通常关注着感兴趣的东西。因为感觉是有鉴别能力的，因此我们也会有选择性地画。建构和组织一张视图的方法和重点使用的绘画技巧会告诉别人什么引起了我们的注意、我们关注的是什么。这样，我们的体验过程更有效率。

绘制场景的透视图包括将自己定位于空间中的有利点，并决定如何将我们所见的景物组构在一起。

构成视图 Composing a View

注意选择场景的比例。一些场景可能会提示构图的垂直方向，而另一些场景则更倾向于水平方向。其他场景的比例可能取决于场景中选择强调的内容。

水平构图

当描绘对象或场景的具体特点方面时，可能需要更近距离的视点，使绘图大小可以适应色调、纹理和光的渲染。

为了使观众身临其境而不是置身其外，我们可将图像分成三个部分：前景、中景和背景。这三个部分着重强调之处各不相同，其中之一应该能够增强画面的空间感。

背景

中景

前景

将我们自己定位于靠近前景元素（如桌子、柱子或树干）
的位置有助于建立观察者与被观察者之间的联系。

构图布局 Placing the Composition

一旦在头脑中构思好想要画出的视图，我们就应该采取一些特定步骤来确保预期的图像能够适当地排布在页面上。

可视范围 Visualizing Extents

在绘制的场景中，我们应该包含的视图在水平角度与垂直角度的界限范围。

- 绘制场景中应包括的水平范围？
- 绘制场景中应包括的垂直范围？
- 注意不要忽略在所选风景中看到的前景的数量。特别是在从上到下时，我们在场景中通常可能没有足够的空间留做自己的位置。

绘图中垂直角度的界限范围

绘图中水平角度的界限范围

全景

三分法　Rule of Thirds

在大自然中，像街道的场景和教堂的中殿那样，位置往往是对称的。大多数这类景象，我们可以依靠三分法作引导。

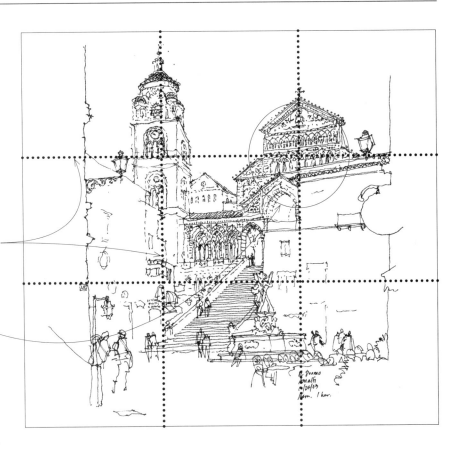

- 这种技术用于照片和其他视觉图像的构图，它用两条水平线和两条垂直线将页面划分为相等的九份。

- 其目的是通过提示交点或可顺沿的垂直线或水平线来创建更具视觉张力和能量的动态构图。

调适　Sizing to Fit

我们在页面上绘制的第一个线条或形状成为接下来所有线条和形状的参照。通过定位和调整其大小，可以帮助确保整个构图适合页面。

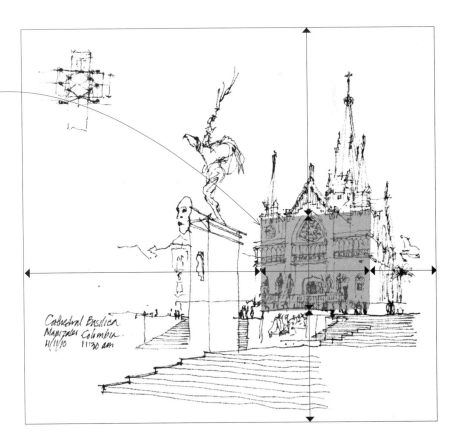

- 定位与确定第一个线条或形状是绘图过程中的重要步骤。
- 将第一个线条或形状绘得太大或太靠边会迫使我们过早地裁剪构图或改变场景的比例以适应页面。

白描是写生的一种方法。其主要目的是培养对事物表面和形式特征的视觉敏锐度和敏感度。白描的过程抑制我们通常用抽象符号来表达事物的行为。相反，它促使我们用视觉和触觉器官密切关注、仔细观察并亲身体验事物对象。

• 白描最好用削尖的软铅笔或细笔尖的钢笔来表现，可以产生单一的尖锐线条。这有助于培养白描要求的精准眼力。

• 想象铅笔或钢笔真实地联系着你所描绘的物体。

• 随着眼睛密切地追踪物体轮廓，手随着物体的每一个凹凸以相同的步调缓慢审慎地移动绘图工具。

• 不要试图让手的移动速度超过目光所及；检查你所看到的物体轮廓形状并且不要考虑或担心其特征。

• 最明显的是那些环绕物体并限定了外形与背景之间外侧边界的轮廓。

• 平面内一些轮廓在内侧被折断或打断。

• 其他一些轮廓由重叠或突出部分形成。

• 还有一些轮廓由空间外形和形体内部的阴影描绘出来。

我们习惯于看到事物的形状而不是它们之间的空间。而我们通常认为虚空就像是没有物质一样，它们与其分隔或包裹的物体共享边界。事物的正形体和无形的背景空间享有共同的边界，并结合成一个不可分割的对立统一的整体。

同时，在绘画中负的形体与正形体共用轮廓线。图画的形式和构图包括正的和负的形状，二者就像拼图游戏的拼版一样紧紧相扣。在观察与绘图中，我们应把负空间形状的重要性提高到和正形体形状一样的水平，并在这种关系中将二者视为平等的伙伴。由于负形体与正形体不同，经常没有很容易辨认的明确特征，故我们需要付出努力才能识别出它们。

- 我们应该仔细观察正形体和负形体的相互联系。
- 当绘制正形体的边缘时，应该意识到我们同时也在创造负形体。
- 对负空间形状的关注阻止了我们有意识地思考正形体，我们也可以将它们纯粹作为二维图形自由地画出来。

在绘图解析中，我们竭力试图将两种方法结合起来——既描述物体对象表面的外部构成，同时阐释其内部结构特征以及各组成部分在空间中排布组合的方式。与白描从一部分到另一部分不同，绘图解析要从整体到部分最后到细节。部分和细节服从于整体结构形式能避免零散绘图可能导致错误的比例关系和缺乏统一性。

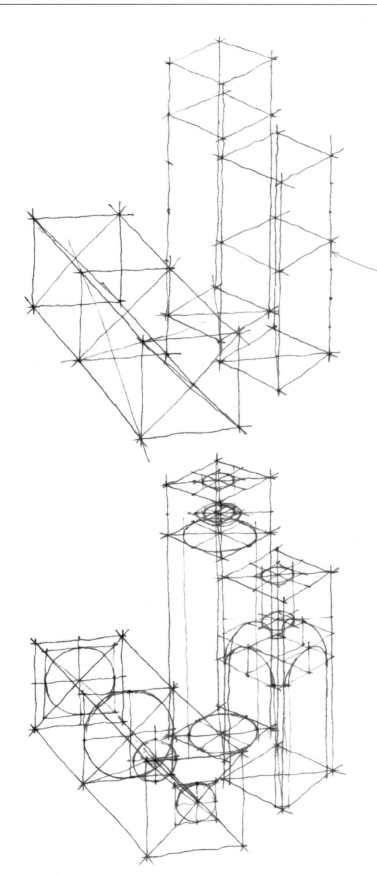

- 由轻缓随意的线条开始绘图解析。用试探的方式画出这些线条，以遮挡和创建一个形体或结构的透明体量框架。

- 这些试探性的线条本质上是概略性的，为建立及说明物体对象的基本几何形状和结构服务。

- 那些最初的线条痕迹也被称为"控制线"，因为它们可以用来定位点、测量尺寸和距离、寻找中心、表达垂直与相切的关系以及实现对齐和偏移。

- 控制线意味着视觉判断获得确认或调整。不要擦去任何先前绘制的线条。如有必要，重新修正绘制基本形状并检查各部分之间的相对比例关系。

- 永远追求在最后一笔的基础上不断加以改进。

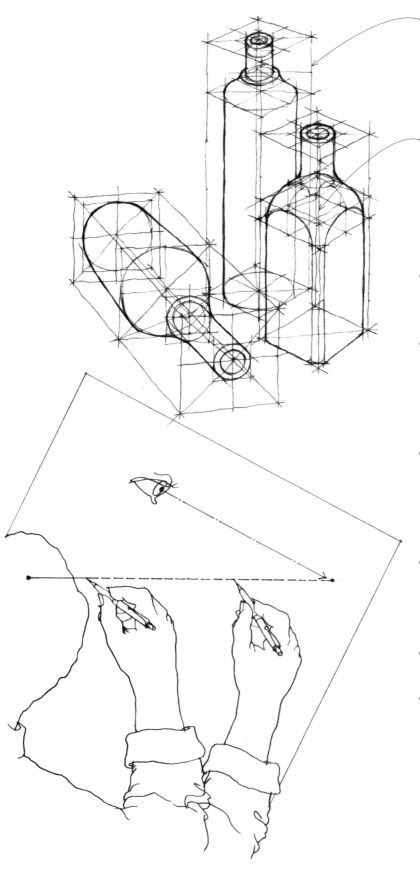

- 由于控制线在构造上的作用，它们不会被限于物体的实体边界以内。它们可以穿越形体并在它们所联系、组织的空间中延伸，而且量测出一个物体或组合体的各个部分。

- 绘制出物体看得见和看不见的各个部分使我们更容易衡量角度、控制比例，观察物体外部呈现的形状。由此产生的透明度，同时也传达出形式所表达的明确体积感。用这种方式绘图避免了由于平坦的外观可能导致人的注意力过分集中于外表面而不是体积感。

- 通过不断涂抹与添加的过程，逐步建立起了最终物体线条的密度和分量，特别是在交叉点、连接点和过渡部位。

- 在最后成图中保留所有的线条，有助于加强图像的深度感并揭示它的产生与发展过程。

- 最接近绘图解析的是3D CAD和建模软件制作的线框模型图。

- 在真正开始绘制线条之前，用把一条线的首尾以点线连接起来的方式来训练眼睛、大脑和手的协调。避免用短而无力的笔触画线。相反画线要尽可能平滑与连续。

- 使用短笔触或用力较大时，用手腕来摆动手或让手指做必要的运动。

- 对于较长的笔触，从肘部开始摆动整个前臂与手，带动腕及手指稍微摆动。只有当接近笔触末端时，才使用手腕和手指的运动以控制线条的终止。

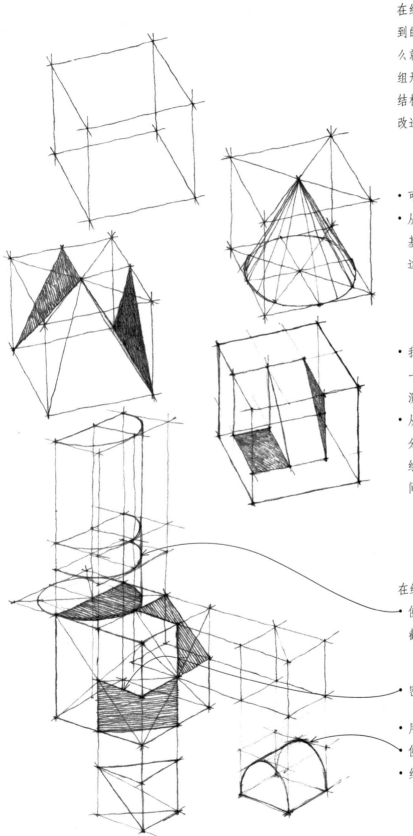

在绘图解析过程中，我们创建了几何体。如果能将所见到的事物分解成规则的几何体或诸部分的几何构成，那么就可以更容易地绘出它们。我们可以用加法的方式重组形体，或是用减法的方式转换这些形体。由此产生的结构可以作为进一步发展的框架以及外形与中介空间的改进。

- 可以从立方体这种简便的三维单元着手。
- 从立方体开始，我们可以运用几何学原理衍生出其他基础性的几何体，如四棱锥、圆柱与圆锥。熟练掌握这些简单形式的绘制是绘制各种衍生体的先决条件。

- 我们可以从水平、垂直及绘图平面的深度方向来扩展一个立方体。一组立方体或衍生体可以连接、扩展或演变为集中式、直线式、对称式或组群式的构成。
- 从立方体开始，我们可以选择性地删除或创建某些部分来生成一种新的形式。在这种消减过程中，当我们绘制各部分的比例并加以深化的时候，使用形式与空间的虚实关系来加以指引。

在绘制复杂形体的时候，请注意以下几点。
- 使用横截面轮廓来建立形式复杂的形体。这些假想的截面加强了绘画的三维效果并显示了该物体的体积。

- 密切关注重叠的组合形式和构成中的负空间。

- 用线条来区分重叠形体。
- 使用散射线条表示弯曲形体表面的过渡。
- 细节服从于整体。

每一幅图都随着时间演变。知道从何处着手，怎样推进以及何时终止是绘图的关键。以系统化方法绘图是很重要的观念。我们应该分阶段逐步推进，并从地面起构图。绘图过程中每个连续的循环或周期都应首先解决各主体部分之间的关系，然后解决每个部分内部的关系，最后再次调整主要部分之间的关系。

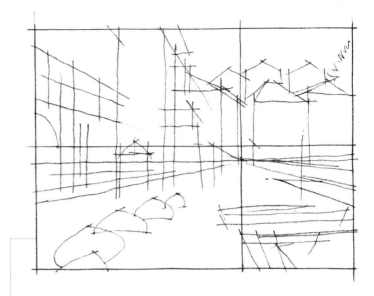

过于细致地完成一部分绘画，然后再开始下一部分，这很容易造成每一部分与其他剩余部分之间的混乱扭曲。在深化图面的过程中注意保持图面深度的均衡，对维持图面的统一、平衡和焦点性图像是很重要的。

下列步骤规定了一种观察与绘图的方式。绘出一幅图需要以下几个阶段。

• 取景和建立结构。

• 分出色调与质感的层次。

• 添加重要细节。

建立结构 Establishing Structure

如果没有一个有凝聚力的结构来将其组合在一起，画面的构图就会混乱。视图的构图确立起来后，我们利用绘图分析的方法来构建图面结构。

在绘制周围环境背景（包括室外空间或室内空间）时，我们从空间中一个固定位置来观察这个场景。因此，必须用直线透视法的原则来控制结构。这里我们主要关注线性透视的图面效果，即平行线的汇集以及随着进深增大，物体逐渐缩小。思维解读了我们看到的事物，并呈现了我们所感知物体的客观现实。在绘制透视图时，我们试图表明一个视觉的现实。这两方面经常是相互矛盾的，而主观经常会胜出。

- 我们首先绘制一个重要的垂直边缘或垂直平面的绘画作品。这个边缘可能是中间地面或前景的垂直元素，如灯柱或建筑物或城市空间的角落。

- 平面可以是房间的墙壁、建筑物的立面，也可以是由两个垂直元素（如两列或两个建筑物的角落）所定义的隐含平面。

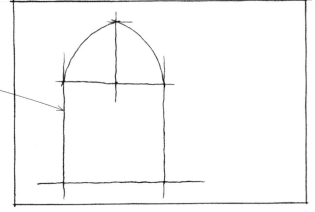

- 我们需要针对所绘制的垂直边缘或平面，建立眼睛的水平面。

- 我们需要将眼睛的水平面投射到垂直边缘或平面上的一个点上，通过该点绘制水平线或天际线。

- 请注意，位于我们视平线以上的水平元素朝地平线向下倾斜，反之位于视平线以下的水平元素朝地平线向上倾斜。

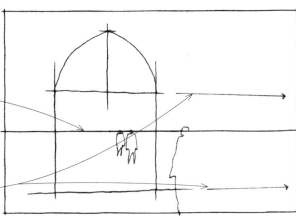

- 我们可以把人物置于前景、中景和背景之中来建立一个垂直的比例尺度。

- 假如一系列水平线的灭点位于图面上，可以绘制出逐渐后退缩小的面的正面和背面的垂直边，并判断位于地平线以上和以下的主要垂直边线的比例。然后我们可以相同的比例复制出后面的垂直边缘。

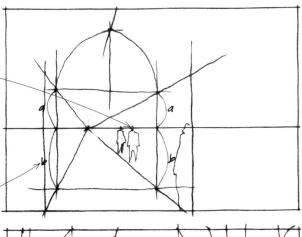

- 我们利用已创建的点来引导透视图中斜线的绘制。这些沿着地平线逐渐后退的线可作为视觉引导线，并汇集于同一点。

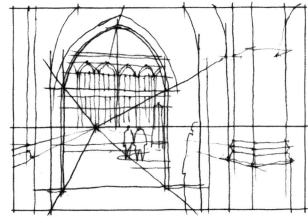

为了帮助我们测量线条的相对长度和角度，我们可以使用绘图的铅笔或钢笔的笔杆。

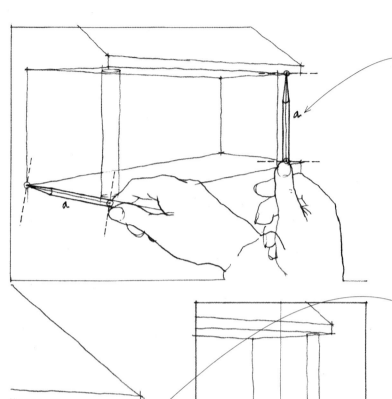

- 我们握持钢笔或铅笔放在 一臂远处，钢笔或铅笔所处平面与我们的眼睛平行并垂直于视线。
- 若要进行线性测量，我们可以将钢笔或铅笔的尖端对齐观测线的一端，并用拇指对齐观测线的另一端。然后我们把铅笔转向另一条线，并使用初始测量的结果来估计第二条线的长度。

要度量一条明显的斜线，可以用钢笔杆或铅笔杆横向或纵向对齐斜线的一端。目测估计两者之间的角度。然后我们将这个测量角度转绘到图面上。对应于垂直或水平参考线，来引导绘图画面的边线。

我们可以使用相同的参考线来检视图像上哪些点垂直或水平于其他各点。用这种方式检查排列走向可以有效地控制正负形体的比例及相互关系。

色调分层 Layering Tonal Values

在组织和构建一幅画的结构时，我们创造了一个线条的框架。为了这个框架，我们添加色调来表现场景中的明亮区域与暗淡区域，并在空间中限定平面，塑造它们的外形，描述表面的颜色和质感，表达空间深度。

- 首先以大面积最浅的色调布局。

- 然后用小色块叠加在下面的色调区域上。这种绘制方法有助于整合绘图，而不是割裂绘图。

- 阴暗的表面与投影的色调是透明的，既不晦暗，也不统一。

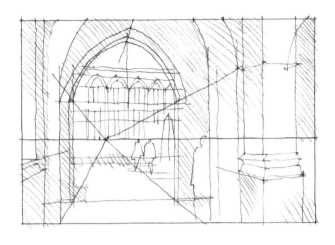

- 投影的边界在强光下比较清晰，但是在漫射光下则会显得柔和一些。这两种情况下，我们可以使用色调对比来明确阴影的外边缘，而不是以画线来限定。

- 如果一个区域的色调过浅，我们可加不断加深。但如果一旦色调过于浓重，就会变得混沌不清，难以修正了。一副绘图的新鲜感和活力既脆弱的，又容易丢失。

添加细节 Adding Details

建筑绘图的最后阶段就是添加那些可以帮助我们确定一个物体或场景的不同细节元素。正是通过这些细节，我们感知并传达一个物体或一处场所所独特的内在品质。一幅画的各组成部分与细节必须参与到对整体的进一步解释当中。

via Giotto Looking north 10/6/00

- 细节必须置于一个结构模式中才是有意义的。这种结构为一个特定的区域或特征提供了框架，以使其能被更详细、更精心地研究加工。

- 同时，一幅绘画需要与那些几乎无细节的区域形成对比。通过这种对比，那些区域的细节自然会得到更多的强调。

- 记住要有选择性。永远不可能把所有的细节都囊括在一幅画中。当我们试图表达形式和空间的特殊性质时，作一些编辑处理是必要的。而这往往意味着容忍一定程度的不完整。

- 正是由于存在一幅画的不完整印象，才能使观众参与到实现这幅画的完整性之中。我们对现实的视觉感知通常是不完整的，经由观察行为以及瞬间的需要和关注所积累的知识进行编辑加工。

草图的一个妙处就在于：到某处旅行时，绘画行为在旅行体验中记录了眼睛、头脑和心灵关注之处，把注意力集中在现在，创造出可以在日后回忆的生动视觉记忆。

页面元素 Page Elements

旅行日记可以包含的不仅是图纸——作为一个人的体验记录，可以包括以下元素。

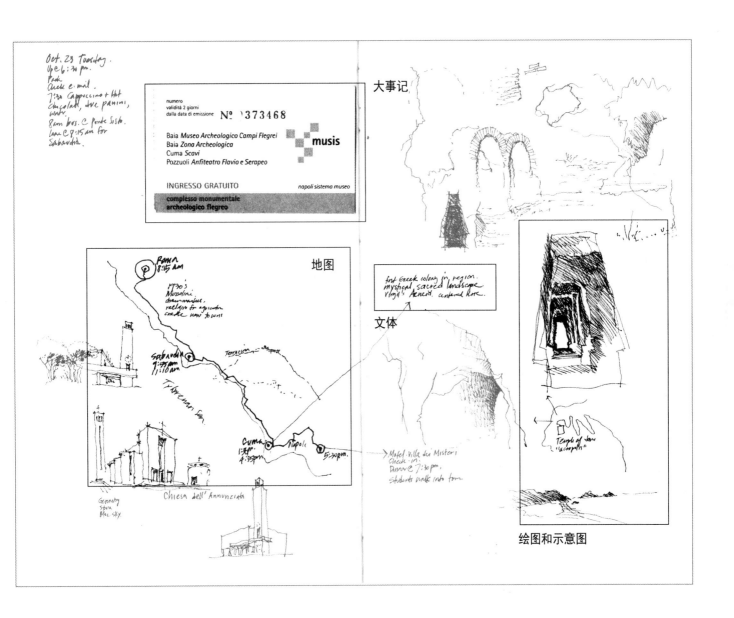

大事记

地图

文体

绘图和示意图

定格瞬间　Capturing the Moment

旅行的时候，我们一般抽不出来太多的时间停下来画画，因此，需要具备快速绘制的能力。

合理的策略是先确定整体结构，然后根据可用的时间，添加所有可能的细节，深化必要的重点，以抓住这个地方的神韵。

图画与分析的平衡
Balancing the Picturesque and the Analytical

我们画图时，面前的透视总是最具吸引力——可以只是描摹吸引您注意力的简单细节，也可以绘制试图解释愉悦空间比例的解析或是一个城市中设置实体与空间的模式。

尝试以绘图帮助理解二维平面图及剖面关系并感受建筑的的三维体量。

唤醒记忆　Recalling Memories

旅行草图一旦被收集在一本装订好的写生簿中，就会提醒我们自己曾经去过何处、见到什么、感受如何。翻阅日记本可以唤醒对某些地方的场景、声音甚至气味的生动记忆——这些记忆可以帮助我们重新体味那些闷热潮湿或者凉爽多雨的日子。

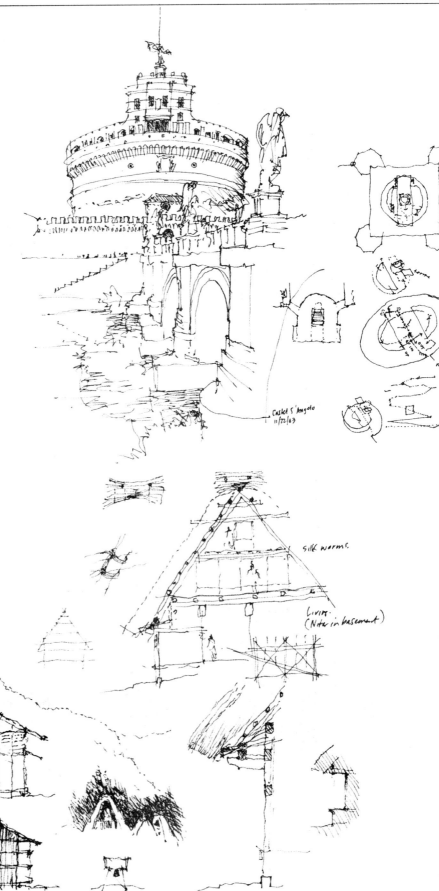

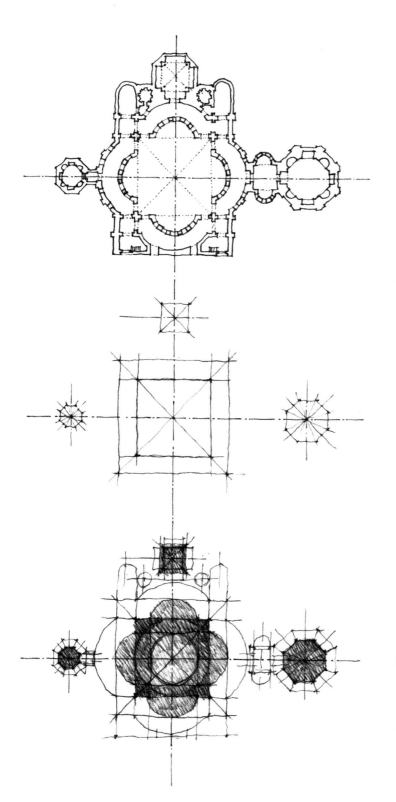

在一定程度上，所有绘图都是对可感知现实物体或想象概念的抽象表达。在设计绘图时，我们运用不同程度的抽象。在一系列抽象表达中一端是一幅表现图——它试图尽可能清晰地模拟一项设计方案未来的实际情况。另一端是示意图，反映出不必以图形方式阐释的内容。

- 示意图的特点是它能够通过擦除和消减的过程把一个复杂的概念简化为基本元素和联系。
- 示意图的抽象特性可以使我们能够去分析和理解设计元素的基本性质，考虑其可能的关系，并迅速针对一个给定的设计题目产生一系列可行的选择。

数码示意图　Digital Diagramming

数字技术的显著优势是它能够精确地接受并处理信息。在设计过程的早期阶段，我们不应该听凭这种精确的能力利用图形设计软件草率地生成方案。

我们可以使用任何绘图系统，来刺激视觉思维并且萌
生、澄清和评估设计观点。

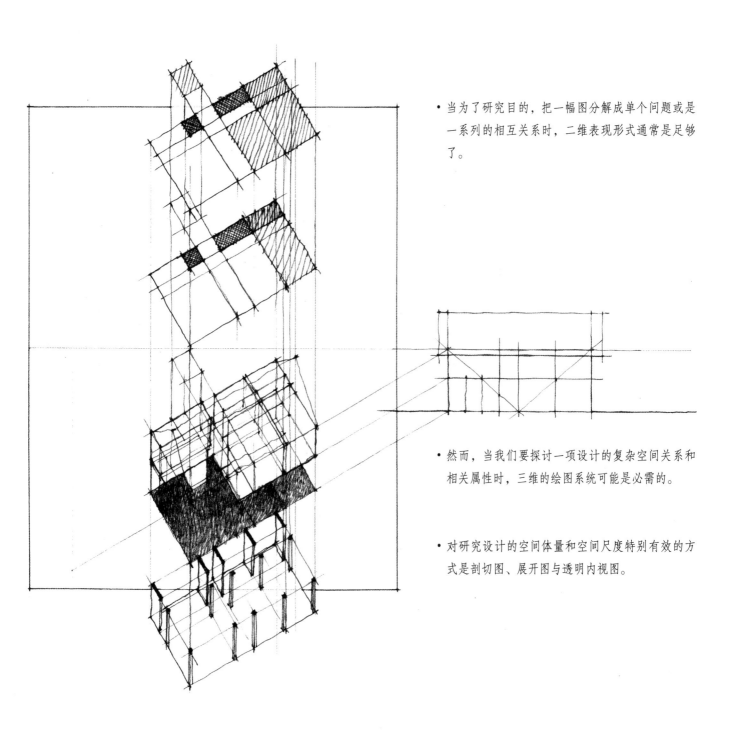

• 当为了研究目的，把一幅图分解成单个问题或是
  一系列的相互关系时，二维表现形式通常是足够
  了。

• 然而，当我们要探讨一项设计的复杂空间关系和
  相关属性时，三维的绘图系统可能是必需的。

• 对研究设计的空间体量和空间尺度特别有效的方
  式是剖切图、展开图与透明内视图。

示意图是视觉的抽象，可以描绘概念和事物的本质。

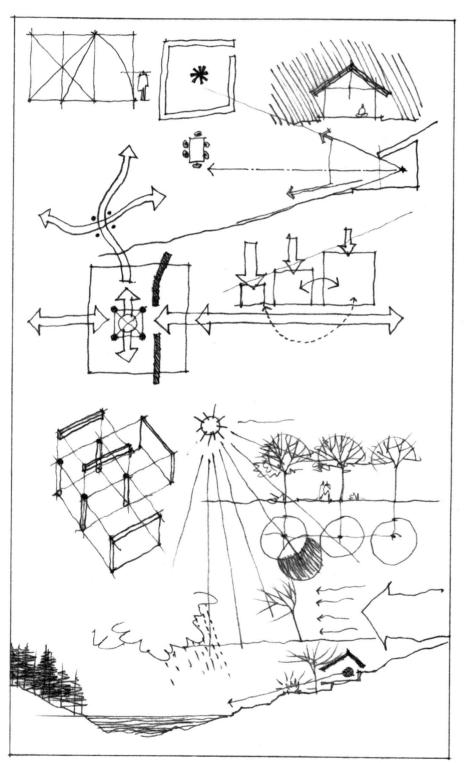

概念 Concepts

- 尺度
- 比例
- 边界
- 庇护所
- 远景
- 轴线
- 强调重点
- 等级层次
- 入口和路径
- 节点
- 相似
- 连接
- 运动
- 流程
- 作用力
- 区域

事物 Things

- 结构
- 围护物
- 景观要素
- 太阳
- 风
- 雨
- 地形
- 光线
- 热

除了描述设计要素的本质，示意图有效地检验并解释这些元素之间的关系。为了在一幅图中将抽象保持在易于处理的水平，我们以群组形式使用尺寸大小、相近性和相似性等诸项原则。

- 相对尺寸大小描述了每个元素可计量的方面，并在一系列元素中建立层级序列。
- 相对相近性表示实体之间的关系强度。
- 形状、大小或色调等方面的相似性建立了视觉组群，有助于减少元素数量并将抽象保持在可控水平。

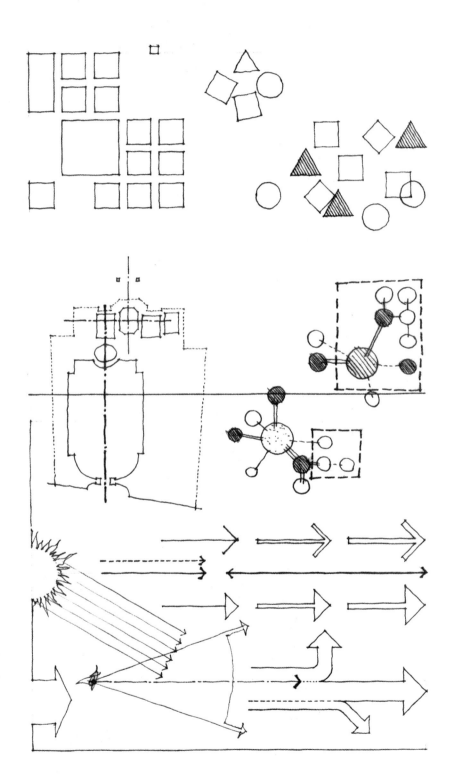

为了进一步澄清与强调联系的特定类型或实体间相互作用的本质，可以采用各种各样的线条与箭头。并且通过改变这些联系元素的宽度、长度、连续性及色调，我们还可以描述连接的各种程度、级别与强度。

线条 Lines

在示意图中用组织有序的线条来定义区域的边界，表示元素的相互依赖性、结构形式和空间关系。为了厘清图解中的组织和关系特征，可以采用线条使抽象的图像化概念一目了然且容易理解。

箭头 Arrows

箭头是一种特殊类型的连接线。楔形的末尾可以表示从一个元素向另一个元素的单向或双向运动，表明力或作用的方向，或表示一个阶段的进程。为清楚起见，我们使用不同类型的箭头来区分不同类型的关系及不同程度的强度或重要性。

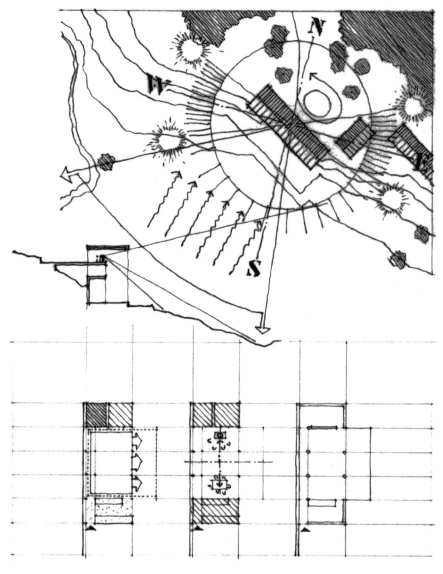

示意图可以有效地处理多样的设计问题。

场地示意图探讨一项设计的选址和定位如何应对环境与背景的影响。

• 背景的制约与机遇。
• 阳光、风和降水等自然因素。
• 地形、地景与水景。
• 进入场地的途径、入口和通路。

设计示意图探讨设计组织如何满足设计题目的下列要求：

• 活动所需的空间范围。
• 功能的相近性和毗邻元素。
• 被服务空间与服务空间的关系。
• 公共与私密功能的分区。

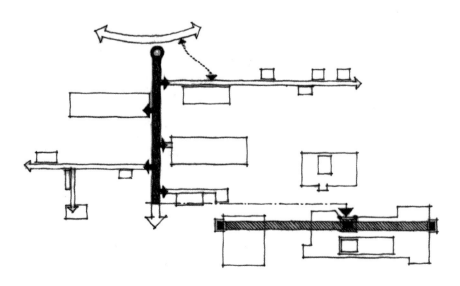

流线图探讨运动方式的影响以及如何受到设计元素的影响。

• 行人、车辆与服务性交通的模式。
• 运动的途径、入口、节点和通路。
• 水平与垂直路径。

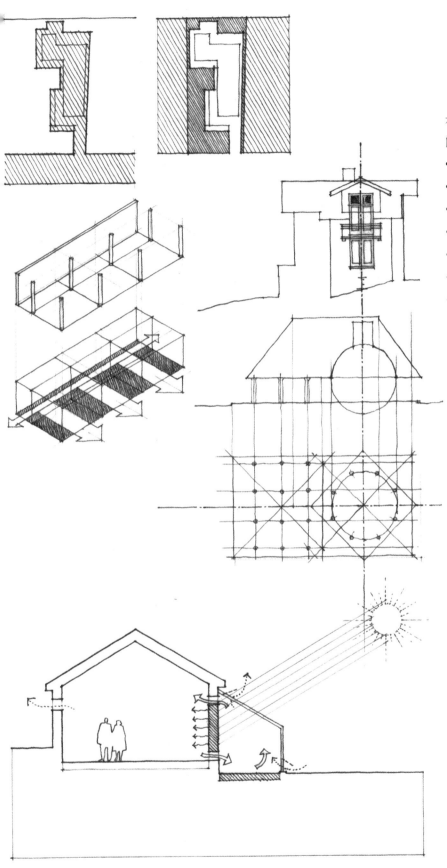

示意图研究结构模式、空间体积及围合元素之间的对应关系。

- 图—底和虚—实关系。
- 秩序原则，如对称和节奏。
- 结构要素和样式。
- 围合的要素与构成配置。
- 空间特质，如庇护所和远景。
- 空间的等级组织。
- 形式上的聚集和几何学。
- 比例与尺度。

系统示意图探讨了结构、照明与环境控制系统的布局与整合。

所谓"决策"是指一项建筑设计的概念或主要组织思路。以示意图形式绘出一个概念或决策能使设计师迅速而有效地研究方案的总体性质和组织规划。概念示意图关注的是概念的关键性结构特点与关系特点，而不是专注方案是如何形成的。

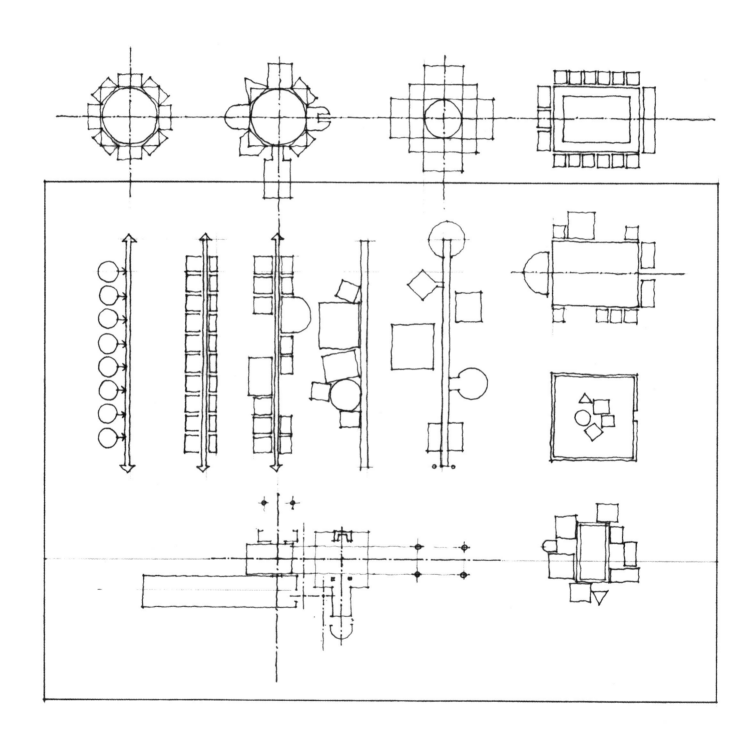

一个恰当的概念，自然应该与设计问题的本质相
关联。此外，一个设计概念及其图形描绘应具有
下列特点。一个设计图应该具有：

- 包容性：解决多种设计难题的能力。
- 视觉描述性：足以指导设计的发展推进。
- 适应性：足够灵活地迎接变化。
- 可持续性：能经受设计过程中的操控与转变而
  不会丧失个性。

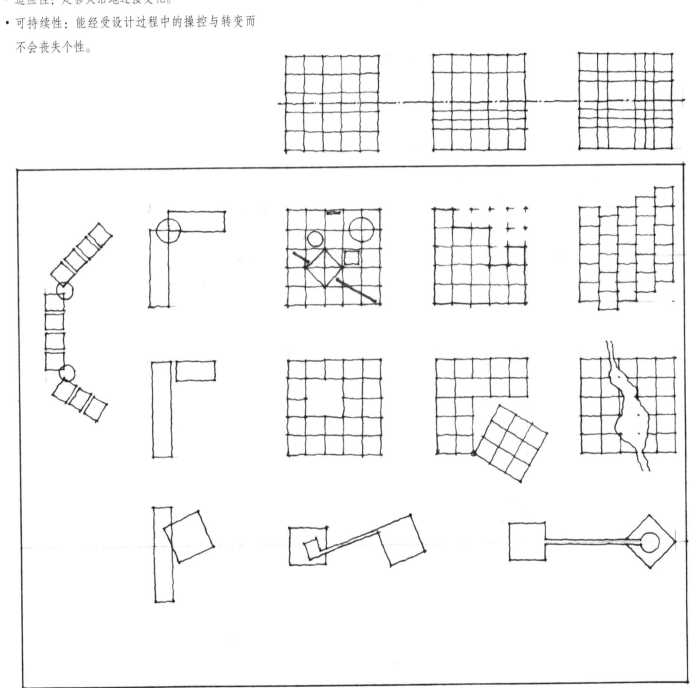

在创建、开发和运用示意图时，某些原则有助于激发我们的思维。

- 保持简洁的概念图。在可控的水平上绘制凝炼的信息。
- 根据需要摒除多余的信息，聚焦于特定的问题，提高示意图的整体明晰度。
- 当需要利用新发现的关系时添加相关信息。

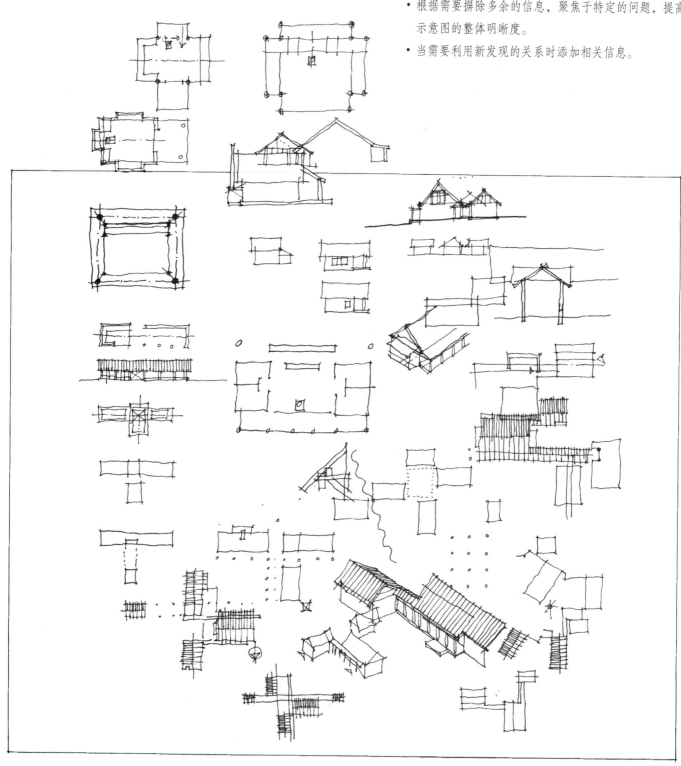

- 在你探索秩序时，使用尺寸大小、相近性和相似性等调节性元素重组并安排各个构成元素。

- 叠放或并置一系列的示意图，考察某些变量如何影响一项设计的特质，或者如何使设计的各组成部分和子系统综合成一个整体。

- 反转、旋转、重叠或扭曲一个元素或衔接关系，以提供新的看图方式并发现新的关系。

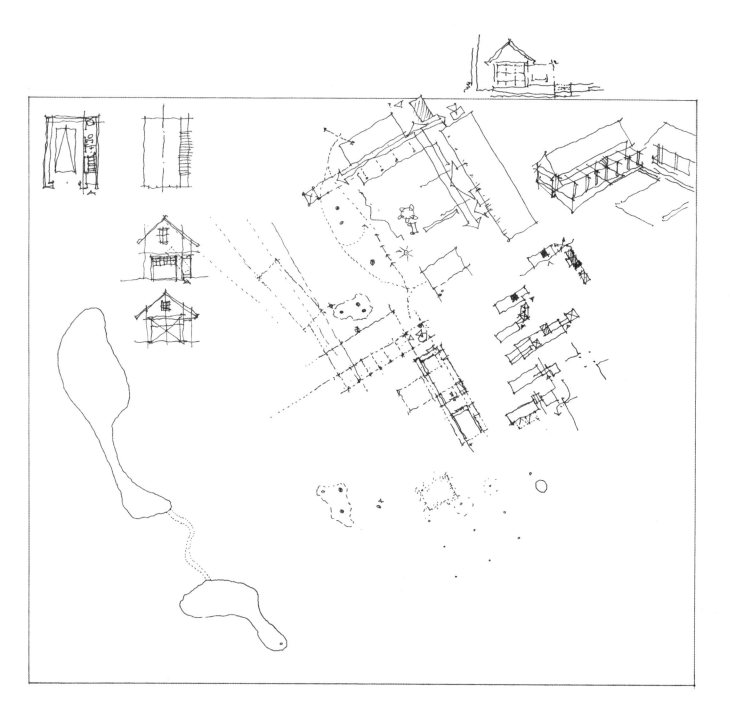

总之，请记住具备绘图技巧能使你富有表现力，但你必须首先掌握基本原理。无论手绘，还是用数字化工具，都需要利用绘图原则来正确构图并将绘图介质与内容信息完美匹配。希望本书介绍的这些基本建筑绘图要素能够提供一个基础，使你建立并提升必要的物质与精神方面的技能，清晰真切地实现绘图表达。

"艺术并非简单的视觉重现，而是视觉的浓墨渲染。"

——保罗·克利（Paul Klee，1879—1940，瑞士画家）